Mathias Maul
Vom Coach zum Unternehmer
Der Praxis-Leitfaden zur
erfolgreichen Existenzgründung
für Coaches und Berater

Petra Hennrich
Creative Coaching
Kaiserstraße 96 / V, 1070 Wien
Tel.: +43-660-34 09 471

Ausführliche Informationen zu jedem unserer lieferbaren und geplanten Bücher finden Sie im Internet unter www.junfermann.de. Dort können Sie auch unseren Newsletter abonnieren und sicherstellen, dass Sie alles Wissenswerte über das Junfermann-Programm regelmäßig und aktuell erfahren.

MATHIAS MAUL

VOM COACH ZUM UNTERNEHMER

DER PRAXIS-LEITFADEN ZUR
ERFOLGREICHEN EXISTENZGRÜNDUNG
FÜR COACHES UND BERATER

Junfermann Verlag
Paderborn
2012

Copyright	© Junfermannsche Verlagsbuchhandlung, Paderborn 2012
Coverfoto	© Morgan Lane Studios – iStockphoto.com
Covergestaltung / Reihenentwurf	Christian Tschepp

Alle Rechte vorbehalten.

Das Werk einschließlich aller seiner Teile ist urheberrechtlich geschützt.
Jede Verwendung außerhalb der engen Grenzen des Urheberrechtsgesetzes ist ohne Zustimmung des Verlages unzulässig und strafbar. Dies gilt insbesondere für Vervielfältigungen, Übersetzungen, Mikroverfilmungen und die Einspeicherung und Verarbeitung in elektronischen Systemen.

Satz	JUNFERMANN Druck & Service, Paderborn
Bibliografische Information der Deutschen Bibliothek	Die Deutsche Bibliothek verzeichnet diese Publikation in der Deutschen Nationalbibliografie; detaillierte bibliografische Daten sind im Internet über http://dnb.ddb.de abrufbar.

ISBN 978-3-87387-869-3
Dieses Buch erscheint parallel als E-Book (ISBN 978-3-87387-885-3).

Inhalt

Einleitung 7

Teil 1: DENKEN 11
Tag 1   Ihr idealer Klient 13
Tag 2   Ihr idealer Arbeitstag 16
Tag 3   Ihre ideale Positionierung 18

Teil 2: PLANEN 23
Tag 4   Ein produktiver Arbeitsplatz 25
Tag 5   Einzelgänger und Herden 28
Tag 6   An den Haaren aus dem Sumpf 31

Teil 3: MACHEN 35
Tag 7   In der Tat liegt die Kraft 37
Tag 8   Die Welt erobern 40
Tag 9   Ihr erstes Produkt 42
Tag 10 Corporate Identity und Corporate Design 45
Tag 11 Pricing 49
Tag 12 Zertifizierungen und Verbände 53
Tag 13 Den Hunger stillen 57
Tag 14 Finden und gefunden werden 60
Tag 15 Wie soll's denn heißen? 62
Tag 16 Pralinen gratis! 66
Tag 17 Print 68
Tag 18 Netzwerken 70
Tag 19 Eine Website an einem Tag 73
Tag 20 Schwärme und Ströme 79
Tag 21 Suchmaschinen 82
Tag 22 Viel Marketing für wenig Geld 86
Tag 23 Vom Coach zum Verkäufer ... und zurück 90
Tag 24 Vom Angebot zum Auftrag 93

Tag 25	E-Commerce: 24/7 am Ladentisch	95
Tag 26	Scheiden ohne Tränen	97
Tag 27	Machen ... und Dranbleiben	99
Tag 28	Ein professionelles Backoffice für fast Null Euro	104
Tag 29	Automatisierung	107
Tag 30	Delegation	109
Tag 31	Die Zukunft	112

Anhang 113

Einleitung

Dieses Buch ist ein 30-Tage-Kurs für Coaches und Berater, die nach der Ausbildung sofort durchstarten wollen. Es ist auch eine 30-Tage-Intensivkur für stecken gebliebene Gründer und ein Buch für Informationsüberflutete, die im Angesicht Hunderter Ratschläge nicht mehr ein noch aus wissen und sich Klarheit wünschen. Und es ist ein Buch für jene, die zum erfolgreichen Unternehmer werden wollen, mit dem Herz am rechten Fleck: also dort, wo Herz *und* Brieftasche sind.

Es ist eine Do-It-Yourself-Anleitung für Coaches und Berater auf dem Weg zum Unternehmer, eine *Tour de force* durch dreißig Tage manchmal harter und im besten Falle erfüllender Arbeit. Ein Buch also für Praktiker, die Zeit sparen wollen: Sie können aus eigener Kraft in 30 Tagen ein neues Unternehmen gründen oder ein bestehendes in 30 Tagen erweitern, wenn Sie sich jetzt dafür entscheiden, mehr Zeit ins Tun zu investieren als ins Nachdenken und Planen. Deshalb ist dieses Buch vor allem genau das, was Sie, lieber Leser, liebe Leserin, daraus machen.

Eines ist dieses Buch jedoch ganz sicher nicht: Eine theoretische Abhandlung über das Für und Wider, das Wieso und Warum, das Vielleicht und Wahrscheinlich. Von den drei Abschnitten – Denken, Planen und Handeln – nimmt der letzte den weitaus größten Teil ein. Zu viele verschwenden wertvolle Zeit und Energie auf das Ausarbeiten großartiger und feingliedriger Pläne und kommen kaum (oder sogar niemals!) zum Tun. In meiner Arbeit, und damit im vorliegenden Buch, lege ich den Schwerpunkt aufs Machen.

Achtung Lücken!

Dieses Buch hat, wie auch jedes andere Buch, Lücken. Einige sind klein, andere groß, und ein und dieselbe Lücke mag für den einen eine Winzigkeit sein und für den anderen ein kolossales Versäumnis. Den Ablauf einer Unternehmensgründung auf 30 Tage zu komprimieren ist kein einfaches Unterfangen, und mein Ziel ist, diejenigen Themen, die *wirklich* nötig sind, genau so zu präsentieren, dass Sie danach mehrere Siebenmeilenstiefelschritte weiter sind und starten können.

Wer sich *für* etwas entscheidet, fällt stets auch eine Entscheidung *gegen* etwas. Während der Auswahl der Themen für dieses Buch habe ich mich häufig bewusst für bestimmte Themen entschieden, und damit – meist ebenso bewusst – gegen andere. Wenn Sie eine Lücke finden, die nach Ihrer Ansicht gefüllt werden sollte, schreiben

Sie mir oder dem Verlag bitte eine E-Mail, und wir schauen, ob wir Ihr Wunsch-Thema im Online-Begleitmaterial oder einer Neuauflage unterbringen können.

Neben Lücken wimmelt es hier auch von Samenkörnern: Jedes der Kapitel dieses Buches könnte ein weiteres Buch füllen oder Stoff für ein mehrtägiges Seminar liefern. Die gute Nachricht: Diese Bücher sind größtenteils schon geschrieben, und Sie finden viele Hinweise hierzu im Anhang. Die Seminare mögen vielleicht bald folgen.

Spielregeln für den Erfolg

Ich gehe in diesem Buch davon aus, dass Sie sich bereits so viel Wissen und Erfahrung in Coaching oder Beratung angeeignet haben, dass Sie sofort mit der Arbeit loslegen könnten, wenn jetzt ein Klient an der Tür klopfte. Wenn Sie noch am Anfang Ihrer Aus- oder Weiterbildung stehen, kann dieses Buch nur theoretisch hilfreich sein. Die beabsichtigte Wirkung stellt sich nur dann ein, wenn Sie Tag für Tag aktiv mitarbeiten, und zwar an einem echten Geschäft und nicht an einem Gedankenmodell.

Ebenfalls setze ich voraus, dass Sie sich bereits entschieden haben, ein Unternehmen zu gründen. Wenn Sie nach einem Rezept für einen Hefezopf googlen, dann vermutlich nur, weil Sie bereits entschieden haben, einen backen zu wollen. Würden Sie erwarten, dass der Rezeptautor Ihnen das Für und Wider des Hefezopfs erklärt? Genauso wenig erkläre ich das Für und Wider der Unternehmensgründung: Entweder Sie wollen, dann ist dieses Buch Ihr Rezept. Oder Sie wollen nicht, dann schenken Sie es einem Freund oder Kollegen, der will.

Beginnen Sie mit Tag 1 erst dann, wenn Sie *wirklich* sicher sind, loslegen zu wollen, und gehen Sie die Arbeit dann so fokussiert an, wie es Ihnen möglich ist. Rechnen Sie im Mittel mit vier Stunden Arbeitsaufwand für jeden der 30 Tage. Manchmal genügt eine Stunde, machmal sind vielleicht Überstunden nötig, je nachdem wie viel Vorarbeit Sie schon geleistet haben. Beginnen Sie bei Tag 1 und hören bei Tag 30 auf, und wenn irgend möglich überspringen Sie keinen Tag. Natürlich darf einer Ihrer Buch-Tage auch zwei oder mehr Arbeits-Tage dauern, und Pausen sind, wenn nötig, erlaubt. Die Reihenfolge jedoch empfehle ich in jedem Fall einzuhalten und bei Unklarheiten an einem Tag lieber eine Pause einzulegen als den nächsten Tag „vorzuziehen".

Ein gemeinsamer Halbmarathon

Im ersten Abschnitt, „Denken", geht es um Ideale: den idealen Klienten, den bestmöglichen Arbeitstag und die passende Marktpositionierung. Diese Aspekte bilden die unersetzliche Grundlage für alle folgenden Tage.

Zu viel Zeit mit dem Planen zu verbringen kann schädlich sein, so dass ich den zweiten Abschnitt, „Planen", auf drei Tage beschränkt habe. So können wir uns den ganzen Rest des Buches, immerhin 23 Tage, auf das „Machen" konzentrieren und von Tag zu Tag sehen, wie Ihr Unternehmen aus der ersten Idee heraus wächst.

Wie die Etappen der *Tour de France* hat jedes Kapitel seinen eigenen Schwierigkeitsgrad; manchmal geht es steil bergauf, manchmal sanft ins Tal mit Weitblick über Lavendelfelder, und natürlich hängt es von Ihren Vorkenntnissen ab, was Sie als leicht oder schwierig wahrnehmen: Wofür der eine Leser einen vollen Tag braucht, das hakt ein anderer vielleicht in einer Stunde ab. Dabei habe ich versucht, den Anspruch so hoch zu halten, dass jeder Leser mindestens einen sehr herausfordernden Tag vorfindet: Gleichmäßig einfach wäre ja für alle uninteressant. Die Tour de France auf dem platten Land? Undenkbar langweilig.

Die meisten meiner Quellen sind – mangels Alternativen – englischsprachig. Falls dies für Sie problematisch ist, machen Sie sich mit einem guten Wörterbuch (z. B. ↗ www.dict.cc) vertraut und gewöhnen Sie sich an, jedes Wort, das Sie nicht zu 100 Prozent verstehen, *sofort* nachzuschlagen. Wenn Sie Ihr entstehendes Unternehmen mit modernen Methoden vermarkten wollen, kommen Sie an englischsprachiger Literatur sowieso nicht vorbei, deshalb ist es umso besser, wenn Sie bei Bedarf schon während der Arbeit an diesem Buch Ihre Englischkenntnisse aufpolieren.

Spätestens nach der Schlussetappe am dreißigsten Tag können Sie auf Ihr Werk blicken: Eine einzigartige Marktpositionierung, eine Auswahl an Produkten, einen Marketingplan, eine Website, ein komplettes Backoffice und viele weitere Elemente, die im Zusammenspiel mit Ihrer Persönlichkeit ein Unternehmen ausmachen.

In dem Moment, in dem Sie diesen Satz lesen, stehen wir beide an der Startlinie eines Halbmarathons. Auf der nächsten Seite gebe ich den Startschuss und laufe mit Ihnen los. Und wenn wir die Ziellinie erreicht haben, werden Sie sehen: Jetzt geht das Abenteuer wirklich los.

Ich wünsche Ihnen einen langen und kräftigen Atem, auf dass Ihre Segel immer prall sein mögen, wohin Sie auch fahren!

Hamburg, im Sommer   *Mathias Maul*

Teil 1 | DENKEN

Probieren geht über Studieren – ein verstaubtes Sprichwort? Viele Gründer sind leidenschaftliche Planer. Ich habe oft erlebt, dass angehende Unternehmer über Monate oder gar Jahre hinweg Pläne schmiedeten, bis sie „fast perfekt" waren … und dann in der Schublade landeten, weil der Möchtegern-Unternehmer bemerkte: Sie sind eben nur fast perfekt. Nicht perfekt genug.

„Möchtegern-Unternehmer" meine ich hier übrigens im besten Sinne des Wortes! Viele möchten gern Unternehmer werden, doch es hakt an vielen Stellen, und meist hakt es an den drei großen P: Perfektion und Prokrastination, das explosive Duo der Gründerszene. Das dritte P ist das Ergebnis: die Planeritis, das endlose Verstricken in Pläne, die einfach niemals fertig werden wollen und die Aktion unmöglich erscheinen lassen.

Die erste Grundregel, um sich nicht mit der Planeritis zu infizieren: Verabschieden Sie sich – bitte endgültig und bitte sofort – von etwaigen Resten Ihres Perfektionismus. Ein „100prozentig perfekter" Plan ist (a) unmöglich und (b) langweilig. Damit das ein wenig leichter fällt, stehen die ersten sechs Tage unter dem Zeichen der Planung. So haben Sie noch Zeit, sich an den Gedanken zu gewöhnen, dass wir danach voll in die Aktion starten.

Tag 1 | Ihr idealer Klient

Am Ende dieses Tages ... kennen Sie den perfekten Klienten.

Ein sonniger Tag, Sie sitzen in Ihrem Coaching-Büro. Es klopft an der Tür: Ihr Klient ist da! Sie stehen auf, öffnen die Tür, begrüßen ihn. Sie arbeiten mit ihm, die Zeit vergeht. Nach einer Stunde öffnen Sie die Tür wieder. Ihr Klient geht heraus; Sie sind allein in Ihrem Büro.

Ich möchte Ihnen nun eine Frage stellen, die einen großen Einfluss auf die nächsten 30 Tage haben wird. Stellen Sie sich die gerade beschriebene Situation genau vor und überlegen gut:

Wie genau muss dieser Klient beschaffen sein, damit Sie sich, nachdem er gegangen ist, besser fühlen als vor der Beratungs-Stunde?

Wenn Sie diese Frage beantworten, denken Sie nicht daran, um welche Themen es in der Session ging, mit welchen Methoden Sie gearbeitet haben oder ob es regnete oder die Sonne schien. Denken Sie nur an Ihren Klienten. Wie muss er oder sie sein, damit Sie sich nach der Session besser, entspannter, vielleicht sogar: *glücklicher* fühlen als zu Beginn?

Ist dieser Klient, der dazu beiträgt, dass Sie nach der Session ein wenig glücklicher sind als zuvor, ein Mann oder eine Frau? Eine einzelne Person, ein Paar oder eine Gruppe? Kam er freiwillig oder wurde ihm das Coaching verordnet? Ist er jung, alt, schnell, langsam, aufmerksam, gelangweilt? Und wie hat er sich verhalten, damit Sie selbst besser gelaunt sind, wenn die Stunde vorbei ist?

He, Hallo, Stop! Was soll das? Behaupte ich hier etwa, dass der Klient verantwortlich sein soll für das Glück und Wohlergehen des Coaches – und nicht umgekehrt? Nein, natürlich nicht. Ein Coaching-Vertrag, der das Wohlergehen des Coaches an erste Stelle setzt, geschweige denn die Verantwortung hierfür dem Klienten überlässt, wäre mehr als merkwürdig. Aber sicher ist es eines Ihrer Ziele als Coach, Ihren Klienten so zu dienen, dass sie ihr Ziel erreichen. Das ist der vermutlich kleinste gemeinsame Nenner aller Coaching-Ansätze, so unterschiedlich sie auch sind. Und je besser Sie aus den Hunderttausenden verfügbaren Klienten genau diejenigen Typen auswählen, mit denen es *Ihnen* am besten geht, umso besser können Sie arbeiten und umso besser Ihren Klienten dienen. Deshalb ist ein idealer Klient vor allem einer, der Ihnen gut tut.

Neben dem Prototyp des idealen Klienten gibt es auch den des No-go-Klienten: jene Typen, mit denen Sie auf keinen Fall arbeiten wollen, und die sie schon bei der ersten E-Mail oder beim ersten Anruf filtern können, um sich umso mehr auf die Idealklienten zu konzentrieren. Außerdem ist es wichtig, den No-go-Klienten zu kennen, um polarisierendes Marketing einsetzen zu können; hierauf kommen wir an einem der folgenden Tage zurück.

Unsere Reise durch die 30 Tage beginnt also mit der Suche nach dem idealen Klienten. Nicht etwa weil dann märchenhafte „Gesetze der Anziehung" dazu führen würden, dass sich diese Klienten wie von Zauberhand in Ihrem Büro einfinden würden. Vielmehr ist die Frage nach dem idealen Klienten einer der wichtigsten Filter, um die Informationsflut zu reduzieren, die sich bei der Unternehmensgründung einstellt.

Als Coach oder Berater haben Sie die Auswahl zwischen Hunderten von Coaching-Methoden und Beratungsansätzen. Vermutlich erinnern Sie sich noch, wie Sie sich für die Methode (oder Methoden) entschieden haben, mit der Sie nun arbeiten wollen, mit hoher Wahrscheinlichkeit haben Sie viele Ansätze ausprobiert, bis Sie den „richtigen" gefunden haben. Und Sie wissen nicht: Ist dieser Ansatz auch in zehn Jahren, mit der gesammelten Erfahrung aus Hunderten oder Tausenden Sessions, der richtige?

„Richtig" bedeutet hier vor allem: passend. Und genau wie sich Ihre passende Coaching-Methode in den nächsten Jahren sicher wandeln wird, weil Ihre Erfahrung mehr und mehr in Ihre Arbeit einfließt, wird sich das Bild Ihres Idealklienten mit der Zeit ändern. Hier soll es zunächst um den Idealklienten gehen, dem Sie für den Rest dieses Buches und die nächsten sechs Monate (mindestens) Ihre Aufmerksamkeit widmen werden.

Hier nochmals die Leitfrage vom Beginn des Kapitels:

Wie genau muss ein Klient beschaffen sein, damit *Sie* sich nach der Session besser und glücklicher fühlen als zuvor?

Hier eine kleine Auswahl von Attributen, die Ihnen helfen können, Ihren Idealklienten zu definieren:

- Branche: IT, Finanzwirtschaft, Chemie, Dienstleistung?
- Budget: unter 100 € pro Session, über 500 €, über 5.000 €?
- Bildung: Promoviert? Universitätsabschluss? Facharbeiter? Schüler?
- Aktivität: Aktiv und mental / körperlich agil, oder langsam und bedächtig?
- Anzahl: Einzelklient oder Team? Homogenes oder heterogenes Team? Großgruppe (d.h. mehr als 100 Personen)?

Denken Sie nicht zuletzt an persönliche Eigenschaften, die einen Menschen (auch) ausmachen: Alter, Körpergröße, Geschlecht? Geruch: schweres Parfum oder kühles Aftershave? Sie arbeiten als Coach vor allem mit Menschen, und es ist von großer Bedeutung, dass Ihr Idealklient auch Ihr Idealmensch ist.

> **AKTION 1.1**
>
> Beantworten Sie sich diese Frage: *Wie genau muss ein Klient beschaffen sein, damit ich (!) mich nach der Session besser fühle als zuvor?* Schreiben Sie diese Antwort so ausführlich auf, wie es Ihnen möglich ist, im Laufe der nächsten Tage werden wir sie immer wieder verfeinern und ergänzen.
>
> Als Strukturierungshilfe hier einige mögliche Überschriften für Ihren Essay:
>
> - Die Eigenschaften meines Idealklienten
> - Die Eigenschaften meines No-go-Klienten
> - Schnellfilter: Wie beschreiben Sie den Idealklienten in maximal drei Wörtern? Beispiel: „wohlhabender eloquenter Büromensch", „hilfsbedürftiger ausgebrannter Manager", „gelangweilte überforderte Lehrerin", „hochintelligente junge Eltern"
>
> Los!

[handschriftliche Notiz:] LEBENDIGE INTERESSANTE FRAUEN

Tag 2 | Ihr idealer Arbeitstag

Am Ende dieses Tages ... wissen Sie, wie Ihr idealer Arbeitstag abläuft.

Sie kennen nun Ihren – aktuellen – Idealklienten. Am heutigen zweiten von drei „Denk-Tagen" geht es um Ihren idealen Tag. Die Leitfrage, mit der wir uns der Antwort zu nähern versuchen, ist ganz ähnlich zu der gestrigen:

Woran bemerken Sie am Abend, dass der Tag ein guter Tag war?

Verwenden Sie auch hier Ihre eigene Definition von „gut", genau wie Sie an Tag 1 mit Ihrer eigenen Definition von „glücklich" gearbeitet haben. Der Zweck dieser Frage liegt auf der Hand: Je genauer Sie wissen, wie Sie am liebsten arbeiten wollen – und als Unternehmer haben Sie alle Freiheit der Welt! –, umso leichter wird es sein, die Ergebnisse der folgenden 28 Tage unseres gemeinsamen Programms in ein stimmiges Gesamtkonzept einzuarbeiten. Natürlich wird auch die Definition des Idealtags immer wieder ergänzt und revidiert.

Ich habe ein paar Coaches gefragt, wann ihr Arbeitstag ideal verlief. Dies ist eine Auswahl von Antworten:

- „Wenn ich am Abend das Gefühl habe, möglichst vielen Menschen geholfen zu haben".
- „Am Ende eines guten Tags sitze ich abends allein am Strand, schaue auf die Verkaufszahlen meiner Produkte und lächle. Dann weiß ich, es war ein guter Tag".
- „Der Tag war dann gut, wenn ich genug Geld verdient habe, um zu wissen, es reicht, um über die Runden zu kommen".
- „Ein Arbeitstag war gut, wenn ich schlafen gehe und mich freue, am nächsten Morgen aufzuwachen".

Wie bei der Definition des Idealklienten ist es natürlich nicht das Ziel einer Definition des Idealtages, solche Tage „magisch anzulocken". Idealklient, Idealtag und Ideal-Positionierung (morgen!) sind vielmehr der Tortenboden, auf dem die Früchte der folgenden Tage verteilt werden. Nehmen Sie sich also ruhig jeweils einen vollen Tag Zeit, um die Aktionen auszuführen.

AKTION 2.1

Um uns dem Idealtag zu nähern, finden Sie zunächst den einen Satz, den Sie am Ende eines Arbeitstages am liebsten sagen möchten. Hier einige Hilfsfragen, die Sie zu einer solchen Aussage führen können:

- Werte und Zustände: Welche meiner Werte wurden an diesem Tag voll erfüllt? Welche ungeliebten Zustände konnte ich an diesem Tag erfolgreich vermeiden?
- Modalitäten: An welchen Orten fand meine Arbeit am Idealtag statt? Im eigenen Büro oder dem des Klienten? Im eigenen Seminarraum, im Hotel? Oder im Wald, am Strand, auf einer Bergwiese?
- Klienten: Wie waren die Klienten am idealen Tag beschaffen? Waren es einzelne Personen, Gruppen, Teams? Kamen die Klienten aus freien Stücken oder wurden ihnen die Coachings verordnet?
- Ausblick: Mit welcher Vorstellung über die Zukunft wollen Sie abends am liebsten einschlafen?

AKTION 2.2

Wenn Sie wissen, wie Ihr idealer Tag endet, gehen Sie Schritt für Schritt zurück: Was passierte zuvor? Wie waren die Stunden vor dem Feierabend? Welche Klienten kamen, und wie viele davon waren vom Typus „Idealklient" aus Tag 1? Wie konnten Sie am Idealtag auch mit nicht-idealen Klienten erfolgreich arbeiten?

Beschreiben Sie so ausführlich wie möglich Ihren Idealtag! Auch für diese Aufgabe gibt es eine Strukturvorlage, die als Beispiel dient:

- Wie beginnt der ideale Tag? Wo sind Sie, wie fühlen Sie sich, was sind Ihre Gedanken?
- Was geschieht am idealen Tag? Gibt es feste Zeitblöcke oder fließen Aktionen ineinander über?
- Wann beginnt die Arbeitszeit, wann die Freizeit? Woran merken Sie den Unterschied?
- Woran bemerken Sie am Ende des Tages, dass er gut war?

Denken Sie auch an jene Abschnitte eines Tages, die gern vergessen werden, jedoch wichtiger Bestandteil eines unternehmerischen Lebens sind:

- Vertriebsgespräche: Sie schreiben Ihren potenziellen Kunden E-Mails oder telefonieren mit Ihnen, um sie zu Ihren Kunden zu machen. (Oder um zu entscheiden, dass sie bei einem Ihrer Kollegen besser aufgehoben sind.) Wie läuft Akquise idealerweise ab?
- Wie handhaben Sie idealerweise Verwaltungsangelegenheiten, z. B. Buchhaltung, Steuern etc.?

Wenn Ihnen mehr als einer dieser idealen Tage einfällt, dann schreiben Sie alle auf. Und wählen danach einen einzigen davon aus: legen sich fest auf einen dieser möglichen idealen Tage, denn dieser wird zur Basis für unsere nächsten Schritte.

Tag 3 | Ihre ideale Positionierung

| **Am Ende dieses Tages ... wissen Sie, wo Sie stehen.**

Niemanden interessiert, wer Sie sind, was Sie tun, was Sie gelernt haben, wofür Sie stehen. Naja, fast niemanden. Keinen Ihrer zukünftigen Kunden, also derjenigen, die Sie noch nicht kennen, interessiert, wer Sie sind. Zumindest so lange, bis sie Sie kennen lernen.

Ihre Kunden wollen zunächst nur eines wissen: Kann dieser Coach mir helfen, mein Problem zu lösen?

Stellen Sie sich vor: Herr Müller, mittlerer Manager in der Innenrevision eines typischen Konzerns in Hamburg hat Stress. Viel Stress. So viel Stress, dass er nicht mehr weiter weiß. Eines Abends, alle anderen sind schon nach Hause gegangen und er sitzt allein im neonhellen Großraumbüro, öffnet er die Website von Google und tippt ein: stress coaching hamburg

Google antwortet schnell, mit mehreren hunderttausend Trefferseiten. Stressvermeidung sieht anders aus, denkt sich Herr Müller, und öffnet die ersten 20 Treffer in einem jeweils neuen Browser-Tab. Irgendeiner wird ihm doch helfen können bei seinem Stress.

Und nun raten Sie mal: Welche der 20 offenen Websites wird der gestresste, übermüdete und akut hilfesuchende Herr Müller länger als eine Sekunde betrachten? Sicher nicht jene, auf denen steht „Seht wer ich bin und seht wie groß ich bin", sondern er wird bei denen landen, die Herrn Müller schnell und ohne große Worte erklären, was sie für ihn *tun* können.

Wer Sie sind, das interessiert Herrn Müller frühestens im dritten, vierten oder vielleicht erst zwanzigsten Schritt des Vertriebsprozesses. Zunächst will und muss er wissen: Kann diese Person mir helfen? Und erst viel später: Moment, wer ist dieser Coach überhaupt?

Um die erste Frage schnell zu beantworten, und zwar für alle Müllers dieser Welt, brauchen Sie eine klare Positionierung, die weniger über Sie als Person eine Aussage trifft als vielmehr darüber, was Sie Ihren Kunden bieten. Erinnern Sie sich an die „Mission Statements", die in den 1990ern so beliebt waren? „Die Mission unseres Unternehmens ist, dem Wohle unserer Mitarbeiter und ihrer Familien zu dienen, indem wir die Synergieeffekte zwischen ..." und so weiter. Heutzutage würden sich wohl die meisten der Berater schämen, die solche Wortungetüme zu verantworten haben.

Positionierung ist etwas anderes, also ganz ruhig bleiben. Sie brauchen keine heiße Luft. Sie brauchen dreierlei:

- Erstens, eine Vorstellung, wem Sie mit Ihrer Dienstleistung etwas Gutes tun wollen. Darüber haben Sie am Tag 1 nachgedacht: Ihr Idealklient.
- Zweitens, eine Vorstellung, wie Sie diese Dienstleistung am liebsten erbringen wollen. Dies war Thema von Tag 2: Ihr Idealtag.
- Drittens, einen großen Radiergummi, denn wenn Sie die ersten beiden Punkte zusammenschreiben, kommen Sie sicher auf einige Textseiten, und das ist für Herrn Müller aus der Innenrevision einfach zu viel. Viel zu viel.

Fangen wir an: Was ist die Essenz aus Tag 1? Wer ist der Idealklient? Reduzieren Sie die Beschreibung – gewissermaßen wie eine Sauce auf dem Herd – auf wenige Worte. Einige Beispiele zum Warmwerden:

- Langfassung: „Meine Idealklientin ist eine gut betuchte Dame. Sie ist mit ihren Beziehungen unzufrieden, hat im Geschäft jedoch viel erreicht. Sie ist zwischen 40 und 60 Jahre alt, künstlerisch interessiert und wohnt maximal 30 Fahrminuten mit der U-Bahn von meinem Büro entfernt, was das Vereinbaren kurzfristiger Termine erleichtert. Sie will glücklichere Beziehungen leben, denkt aber, viel zu eigenbrötlerisch zu sein, als dass sich jemals jemand für sie interessieren könnte".
- Reduziert: Wohlhabende, einsame Unterkühlte mit feurigem Kern.

Oder:

- Langfassung: „Mein Idealklient ist ein Lehrer, der kurz vorm Burnout steht oder schon mittendrin. Als Beamter fühlt er sich in einem sicheren Netz gefangen, aus dem er nicht fliehen kann, weil er niemals ohne dieses Netz war. Er ist hin- und hergerissen zwischen dem Drang nach Freiheit und nach Sicherheit und weiß keinen Ausweg mehr. Er hat fast jede Nacht Alpträume, und viele bewahrheiten sich im Schul-Alltag. Er ist hochintelligent und durchschaut sein Problem ganz genau, läuft jedoch immer wieder vor eine Wand".
- Reduziert: Denkwüterich.

So viel zu Tag 1. Sie können nun Ihren Idealklienten sehr kurz charakterisieren, in einem griffigen Satz.

Tag 2: Der Idealtag. Schauen Sie sich diesen Tag nun bitte aus den Augen Ihrer Klienten an. Wenn es leichter fällt, fangen Sie auch hier am Ende an und arbeiten sich zum Beginn durch.

Und nun denken Sie an eines: Für Ihren Idealklienten sind Sie der Idealcoach! Während Sie also die Coachings, Beratungen und Vertriebsgespräche des Tages durch die Augen Ihrer Klienten betrachten, achten Sie vor allem auf eines: Wie verhält sich dieser Coach mir (als Klient) gegenüber, und wodurch genau wird bewirkt, dass ich mich (als Klient) so unsäglich wohl bei ihm fühle?

Schreiben Sie dies auf, Wort für Wort, wenn Sie wollen auch retrospektiv als „Feedback". Hier ein Beispiel, geschrieben aus Sicht Ihres Idealklienten.

> „Die Coaching-Sitzung bei Herrn Schulz war wirklich erleichternd. Er hat mir mein Problem mit einer Klarheit wiedergegeben, wie ich es selbst nach Monaten der Analyse nicht vermochte, und dann hat er mit mir Schritt für Schritt eine Lösung entwickelt. Er war so einfühlsam und gleichzeitig hat er eine professionelle Distanz gewahrt, dass es eine Wohltat war, mit ihm zu arbeiten ... und wie Arbeit hat es sich gar nicht angefühlt. Ich freue mich schon auf die Veränderungen, die die nächsten Tage bringen, und auf die nächste Sitzung".

Hach, ist das nicht schön? — Vielleicht. Für einige Leser ist dies womöglich ein ideales Feedback, andere schüttelt's beim Gedanken daran. Genau deshalb ist es so wichtig, dass Sie an dieser Stelle *Ihren* Idealtag durch die Augen *Ihres* Idealklienten betrachten. Schreiben Sie auf, was er oder sie denkt und fühlt, und Sie haben 80 Prozent Ihrer Positionierung.

Halt, Stop! Eine Positionierung ist doch mehr als dieser winzige Ausschnitt aus dem Berufsalltag! Richtig: Es gibt viele, viele Wege, zu einer Marktpositionierung zu gelangen, und wenn Sie 50 Bücher zum Thema kaufen und nebeneinanderlegen, finden Sie vermutlich mindestens 30 verschiedene Ansätze. Die Schwierigkeit bei vielen dieser Methoden ist, dass sie versuchen, den ersten Schritt zu groß zu machen, viel zu groß. Märkte werden analysiert, Fallzahlen gesammelt, Interviews geführt, Statistiken gelesen, Werte-Hierarchien modelliert und vieles mehr, bis dann „die" Positionierung steht, die am logischsten, besten, stimmigsten ist.

Das Problem: Diese Positionierung ist meistens viel, viel, viel zu groß, als dass sie ein normaler Mensch in einer normalen Zeitspanne und mit normalem Aufwand erfassen und vor allem ausfüllen könnte. Sie ist – oft, nicht immer! – ein Kunstprodukt, das so groß und so wenig greifbar ist, dass es zwar anziehend wirkt, aber im Berufsalltag eher hinderlich ist, vor allem bei Gründern.

Deshalb plädiere ich für diese einfache Art der Positionierung (die Sie natürlich später gern mit einem der genannten 30 Ansätze kombinieren können). Zu einer Positionierung gehört vor allem:

zu wissen, was Sie wem anbieten können und wollen, und
mindestens ein knackiger, ehrlicher Satz, in dem Sie dies auf den Punkt bringen.

Wenn Sie diesen Satz gefunden haben – und ich glaube, nach diesem Tag haben Sie ihn –, dann haben Sie das wichtigste Fundament für die kommenden Wochen und vielleicht sogar Monate oder Jahre gelegt.

AKTION 3.1

Schreiben Sie unter Beachtung der obigen Ausführungen Ihre Positionierung so ausführlich auf, wie es Ihnen möglich ist. Schreiben Sie ruhig zwei, drei oder mehr Seiten, schränken Sie sich nicht ein! Falls Sie hier eine sogenannte „Schreibblockade" spüren, rufen Sie sogleich einen Coach aus dem Kollegenkreis an, der Sie ad hoc supervidiert. Eine Schreibblockade kann meist schnell und einfach gelöst werden, und in vielen Fällen ist sie ein Widerstand, der bekämpft (und nicht „gelöst") werden will. Mehr dazu lesen Sie auch im Vorwort zu Teil 3.

AKTION 3.2

Fassen Sie den Text aus 3.1 in einen einzigen Absatz zusammen. Wie eine gute Bouillon oder Sauce müssen Sie den Text sorgfältig reduzieren, bis die Essenz übrig bleibt, und natürlich ist es später immer erlaubt, nachzusalzen – Sie dürfen diesen Text, wie alle anderen auch, natürlich auch in Zukunft immer wieder überarbeiten.

AKTION 3.3

Fassen Sie den Absatz aus 3.2 in eine einzige knackige Aussage zusammen, die in maximal einem kurzen Satz (ohne Komma, Klammern, Gedankenstriche) und danach in wenigen – idealerweise nicht mehr als fünf – Wörtern mündet.

Teil 2 | PLANEN

Nach den ersten drei Tagen liegt vermutlich ein kleiner Stapel Papier vor Ihnen, oder verschiedene Dateien auf Ihrer Festplatte. Spätestens jetzt sollten Sie beginnen, die Aufzeichnungen in eine Form zu bringen, die

strukturiert und
sicher und
verlässlich ist.

Verlässlich bedeutet: Sie *müssen* zu jedem Zeitpunkt alle Informationen greifbar haben und Sie müssen sicher sein, dass die Daten nicht verloren gehen können.

In den folgenden Wochen, Monaten und Jahren wird das Wissen, das Sie sammeln und strukturiert dokumentieren, mehr und mehr zum Kapital Ihres Unternehmens. Als Coach sind Sie vor allem Wissens-Unternehmer, also wäre es töricht, das Wissen nicht von Anfang an als das zu behandeln, was es ist: Die Grundlage Ihres dauerhaften Erfolgs.

Fangen Sie am besten gleich damit an! Investieren Sie jetzt zwei Stunden, um ein System für Ihr Wissensmanagement zu finden und auszuwählen, und experimentieren Sie während unserer gemeinsamen 30 Tage damit. Am Ende des Buchs sollten Sie sich für ein System entschieden haben, das Sie zumindest die nächsten Monate, besser noch Jahre begleiten wird.

Es gibt Dutzende Möglichkeiten: Wikis (online und offline), spezialisierte Software wie Yojimbo oder Evernote, minimalistische Lösungen wie Simplenote, Kruschelkästen-Systeme wie Tinderbox und natürlich die gute alte Liste von Text-Dateien in strukturierten Verzeichnissen.

Ach, ein Notizbuch? Ja, das ginge auch, wenn es nur nicht zwei der obigen drei Anforderungen verletzen würde, denn ein Notizbuch mag strukturiert sein, es ist jedoch weder sicher noch verlässlich. Wenn es verloren ist, ist es weg, und damit vielleicht drei Jahre harter Arbeit. Nicht verlässlich, denn Sie können das Buch weder überall dabei haben noch mit einer einzigen Suchanfrage Tausende von Seiten durchsuchen, um nach wenigen Sekunden zum Ergebnis zu gelangen. Ein Notizbuch ist, so „oldschool" es auch sein mag, kein geeignetes Mittel für einen Wissensspeicher, der die Grundlage Ihres Unternehmens wird.

Sie könnten gut und gern Wochen damit verbringen, das „perfekte" digitale System zu finden, aber Sie wissen ja: Perfekt ist langweilig und unmöglich obendrein. Entscheiden Sie sich also in den nächsten zwei Stunden für *ein* System und wenden Sie es in den nächsten 30 Tagen an, um alle Ihre Aufzeichnungen zu erfassen. Im Anhang finden Sie eine Liste mit Links. Fangen Sie jetzt an.

Tag 4 | Ein produktiver Arbeitsplatz

> **Am Ende dieses Tages ... wissen Sie, an welchen Orten Sie in Zukunft arbeiten wollen.**

Viele Coaches, die ich bei der Gründung ihres Unternehmens betreue, wollen dem Angestelltendasein und dem Büroalltag entfliehen. Und dennoch finden sich einige unter ihnen nach ein paar Monaten der Selbstständigkeit genau dort wieder: in einem Büro – dem eigenen! –, das merkwürdigerweise fast genauso aussieht wie das, dem sie damals mit großer Genugtuung den Rücken gekehrt hatten.

Woran mag das liegen?

Als Unternehmer können Sie – im Grunde – überall dort arbeiten, wo es Ihnen beliebt. Ein Coaching-Büro im Industriegebiet einer deutschen Großstadt ist ebenso möglich wie ein schwimmendes Büro auf einem Kreuzfahrtschiff. Viele Menschen, die ihr Angestelltendasein aufgeben und ihr eigenes Unternehmen gründen, suchen vermutlich unbewusst nach Gewohntem. Dass das Büro im Industriegebiet dann unterschwellig gewohnter erscheint als das auf dem Ozeanriesen, überrascht nicht.

Als Coach können Sie Ihre Klienten in einem gemieteten Büroraum empfangen oder in einem Haus, das bereits Ihnen gehört. Sie können Büroarbeiten in einem Gemeinschaftsbüro („shared space") ausführen und Klienten im gemeinsam genutzten Seminarraum empfangen. Oder auf das Büro verzichten, die Verwaltungsarbeit zu Hause auf dem Esstisch erledigen und Klienten ausschließlich vor Ort besuchen.

Als Coach können Sie auch mit Ihren Klienten spazieren gehen. Eine Bootstour machen, oder eine Wattwanderung. Sie können mit ihnen in den Wald gehen und Stöcke sammeln, Steine umdrehen oder Pilze suchen. Manche gehen sogar reiten, spielen Golf, besuchen Theatervorstellungen, oder sie gehen mit Hammer und Meißel in einen Steinbruch.

So unterschiedlich diese Möglichkeiten sind, sie haben eines gemeinsam: Als Coach werden Sie in mindestens zwei verschiedenen Kontexten arbeiten, der „eigentlichen Arbeit" mit Coachees zum einen und der Verwaltung („Papierkram") zum anderen. Natürlich gibt es noch mehr Arbeitskontexte: Weiterbildung, Marketing, Vertrieb und einige mehr – die sind jedoch für das heutige Thema nicht von Bedeutung.

Viele Faktoren haben Einfluss auf die möglichen Räume, in denen Sie Ihr Unternehmen aufbauen und ausbauen. Ort und Budget stehen oft an erster Stelle, gefolgt von der Frage, ob Sie Ihre Klienten hauptsächlich in Ihren eigenen oder in deren Räumen empfangen wollen.

Wenn Sie in einer Großstadt leben, ziehen Sie einen „shared space", neudeutsch für Bürogemeinschaft, in Betracht. Dort finden sich Unternehmer aller Couleur zusammen, Coaches, Texter, Architekten, Psychotherapeuten, Blumenhändler ..., alle brauchen einen Raum, um ihre tagtäglichen Arbeiten verrichten zu können. (Diesen Text schreibe ich in „meinem" Büro, in dem mir der Geschäftsführer eines IT-Unternehmens gegenübersitzt, schräg gegenüber ein Projektentwickler, dahinter zwei Innenarchitekten.) Eine Bürogemeinschaft unterscheidet sich nicht sehr von einer Wohngemeinschaft, und genau wie es laute und chaotische WGs gibt, gibt es auch leise und sortierte. Letztlich müssen der Ort und die Chemie stimmen, doch als Coach können Sie das schnell herausfinden, oder?

Gründerinitiativen bieten ebenfalls Räume oder Plätze in Großraumbüros an. Ihre örtliche Handelskammer hat sicher ein Verzeichnis möglicher Ansprechpartner.

In einer Bürogemeinschaft mit Coachees zu arbeiten ist nur dann möglich, wenn ein gemeinsam nutzbarer Raum zur Verfügung steht, der Ihrer Arbeit angemessen ist. Falls kein „Konfi" existiert, finden sich andere Coaches oder Institute, die stundenweise Einzelräume vermieten.

Ist Ihr Budget hoch genug, schauen Sie sich nach Mietobjekten um. Widerstehen Sie jedoch der Versuchung, Ihr Büro im Wohnzimmer einzurichten, außer Sie sind vierhundertprozentig sicher, dass es das Richtige für Sie ist. Es gibt eine kleine Anzahl von Unternehmern, deren Imperium am Küchentisch begann, doch für viele Gründer und Jungunternehmer ist der Kontextwechsel einfach zu anstrengend, vor allem wenn Familienmitglieder am selben Tisch sitzen, essen oder mit Knete spielen. Gewöhnen Sie sich vom ersten Tag an, dass Beruf und Freizeit an verschiedenen Orten stattfinden, ansonsten wird es später umso schwieriger, das eine vom anderen zu trennen.

AKTION 4.1

Für den Anfang benötigen Sie mindestens zwei Orte, die Sie möglichst bald finden sollten:

- Einen Ort, an dem Sie Klienten empfangen und mit ihnen arbeiten und
- einen Ort für Büroarbeiten.

Im Anhang finden Sie einige Hinweise zur Suche. Wenn Sie Seminare veranstalten wollen, benötigen Sie zusätzlich einen Seminarraum, gegebenfalls mit Extra-Räumen für Übungen. Außerdem können Sie, wenn Sie mögen, Ausschau halten nach einem oder besser mehreren möglichen neutralen Treffpunkten – Cafés bieten sich an –, an denen Sie Vorgespräche führen können.

Schreiben Sie heute eine Liste aller Orte, die für Ihre Arbeit nötig sind, also eine Liste aller Kontexte (Coaching, Verwaltung, Vertrieb, etc.) und ordnen Sie diese Kontexte dann Orten zu. Beispiel:

- Einzelcoaching: Stundenweise mietbarer Raum, im Office-Center Müller
- Gruppencoaching: Seminarraum im Business-Hotel Meier
- Vorgespräch: Café Müller
- Büroarbeiten: Bürogemeinschaft Schulze & Co.

Achtung, der unscheinbare Punkt „Büroarbeiten" beinhaltet auch Marketing und Vertrieb und kann somit gut und gerne die Hälfte Ihrer Arbeitszeit einnehmen. Es ist also besonders wichtig, hierfür einen wirklich geeigneten Ort zu finden.

AKTION 4.2

Sorgen Sie noch heute dafür, dass Sie möglichst viele dieser Orte festlegen, also sich mit Bürogemeinschaften oder Gewerbemaklern in Verbindung setzen, Cafés begutachten und so weiter. Vermutlich ist es nicht möglich, noch heute alle Verträge zu schließen (außerdem ist Bedenkzeit bei Mietentscheidungen sehr vernünftig), doch bringen Sie heute noch so viele Steine wie möglich ins Rollen.

Tag 5 | Einzelgänger und Herden

> **Am Ende dieses Tages ... machen Sie sich auf die Suche nach Ihrem Rudel.**

Eine Ameise kann ohne ihr Volk kaum überleben: Sie ist auf die Gemeinschaft angewiesen und darauf, dass jede Ameise ihre feste Arbeitsrolle einnimmt und ausfüllt.

„Wie wunderbar!" sagen die einen, wenn sie daran denken, und „Schrecklich!" die anderen. Nicht jeder ist eine Ameise oder will eine sein, und nicht jeder mag die Rolle des einsamen Helden. Ob Sie als One-Man-Show starten wollen oder sofort eine GmbH oder AG gründen und Mitarbeiter einstellen wollen, ist vor allem durch Ihre persönlichen Vorlieben geprägt, doch auch durch Ihr Budget an Zeit und Geld.

Ganz gleich, was Ihre unternehmerische Zukunft bringen mag – wenn Sie vor dem ersten Schritt stehen, müssen Sie sich entscheiden:

- Arbeiten Sie allein,
- mit einem Partner,
- in einem losen Netzwerk,
- allein und mit Unterstützung von Freelancern,
- allein und mit Unterstützung von Angestellten,
- im Team mit Angestellten als primus inter pares,
- oder noch anders?

Und vor allem, welche dieser Formen ist *die* richtige? Und gibt es die überhaupt? Woher weiß man, ob ein Partner der richtige ist oder ob das Team passt?

Die Antworten auf die letzten beiden Fragen sind einfach. Sie können niemals ganz genau wissen, ob ein Geschäftspartner „der richtige" ist und, wenn er der richtige ist, wie lange er es bleibt. Sicher gibt es alte Weisheiten und Bauernregeln, etwa: „Mache niemals Geschäfte innerhalb der Familie" oder „Am Geld sind viele Freundschaften zerbrochen". Aber am Ende sind es nur Sprüche. Es gibt erfolgreiche Familienunternehmen ebenso wie Unternehmer, die mit ihrem besten Kumpel ein Firmen-Imperium erschaffen haben, und genauso gibt es wegen des Geschäfts zerrüttete Familien und Freunde, die sich ein Jahr nach GmbH-Gründung nur noch im Gerichtssaal treffen.

Niemand kann allgemeingültige Regeln aufstellen, wie Sie den oder die besten Partner für Ihr Unternehmen finden, dafür sind die Vorlieben und die Möglichkeiten viel zu unterschiedlich. In den Jahren meiner Selbstständigkeit haben sich Kooperationen gefunden und zerschlagen, wurden aus Kollegen Freunde und umgekehrt, fanden sich Teams an Stellen, an denen ich nie bewusst gesucht hätte, und so weiter.

Vorhersehbar ist der Erfolg der Partnerwahl im Geschäftsleben genauso wenig wie im Privatleben. Denn wie im Privatleben können auch geschäftliche Partnerschaften von einem Tag auf den anderen zerbrechen, und erst im Nachhinein bemerkt man: „Eigentlich" hätte man es schon vorher wissen können.

Wenn es aber nicht vorhersehbar ist, was ist die Lösung? Ganz einfach, Versuch und Irrtum. Sie können heute nicht entscheiden, wer der beste Partner für Sie sein kann, aber Sie können noch heute die ersten Versuche starten. Legen Sie los!

AKTION 5.1

Schauen Sie sich Ihre Aufzeichnungen von Tag 2 an: Tauchen während Ihres idealen Arbeitstags Mitarbeiter, Kollegen, Partner auf, und wenn ja, was ist deren Funktion? Falls Sie an Ihrem Idealtag nicht bedacht hatten, Kollegen einzubeziehen oder sie nun nachträglich streichen wollen, dann überarbeiten Sie bitte jetzt die Beschreibung des Idealtages.

Fragen Sie sich hierzu: Will ich an meinem idealen Tag allein arbeiten? Oder mit einem festen Partner? In einem losen Netzwerk mit anderen Coaches? Unterstützt von Freelancern, oder Angestellten? Was ist die Idealkonstellation an einem idealen Tag? Wenn die Antwort lautet: „Da ist niemand weiter außer mir", ist das genauso in Ordnung, wie wenn sie lautete: „Ich habe 24 Angestellte". Denken Sie immer das Ideal, ganz gleich wie unerreichbar es scheinen mag.

AKTION 5.2

Mit der möglicherweise überarbeiteten Beschreibung des Idealtags verteilen Sie nun Rollen. Bei den Ameisen gibt es (unter anderem) Futterholer, Fütterer, Kämpfer – welche Rollen haben die Menschen, die Sie in Ihrem Idealtag als Kollegen sehen?

Wer ist der oder die:

- Coach oder Berater, der mit den Klienten arbeitet,
- Akquisiteur, der neue Kunden anlockt und mit ihnen Verträge schließt,
- Marketer, der die frohe Botschaft Ihres Unternehmens in die Welt trägt,
- Verwalter, der die Rechnungen, die Steuer und den „Papierkram" erledigt,
- Techniker, der sich um das Zusammenspiel der Computer, Telefone, Websites etc. kümmert?

Hoppla, denken Sie vielleicht. So viele Rollen?

Die obige Liste ist das Minimum. Wenn Sie etwa viele und große Seminare veranstalten wollen, brauchen Sie weitere Rollen, zum Beispiel einen Event-Manager, der dafür sorgt, dass Seminarräume besichtigt und gebucht werden und dass die Teilnehmer sich dort wohl fühlen, einen (oder mehrere) First-Level-Supporter, der am Telefon oder per E-Mail oder per Online-Ticketing-System die „einfachen" Anfragen der Teilnehmer beantwortet („Wie komme ich nochmal zum Seminarhotel?"), vielleicht noch ein Call-Center, das die Anrufe verteilt. Je nachdem wie umfangreich Ihr Ideal-Unternehmen ist, benötigen Sie vielleicht auch einen Buchhalter, Steuerberater, Einkäufer und ...

... und und und ...

... Moment, soll das nun heißen, dass Sie aus dem Stand zehn Leute anstellen müssen?

Nein. Viele, sehr viele Coaches vereinen alle diese Rollen in einer Person – sich selbst – und leisten damit sehr gute Arbeit. Sie kümmern sich um Klienten und Rechnungen, um Seminarräume und Steuerbescheide, um die Website und Mahnungen und alles andere, ohne mit der Wimper zu zucken. Denn sie wissen um ihre Rollen und haben gelernt, sie zu kombinieren. Sie können die Hüte jonglieren und tragen niemals zwei zur selben Zeit.

Schauen Sie sich also Ihren Idealtag an und machen eine Liste der Rollen, die im Verlauf dieses Idealtags auftauchen. Sollten in Ihrer Beschreibung des Idealtags noch keine Rollen auftauchen, so erweitern Sie die Beschreibung bitte entsprechend. Wenn Sie schon Kandidaten kennen, die eine Rolle ausfüllen können, notieren Sie die Namen daneben.

Ach, und falls Ihnen nach diesen Überlegungen plötzlich klar wird, dass der Büroraum, den Sie gestern avisiert haben, viel zu klein (oder zu groß) ist, revidieren Sie die dortigen Planungen.

AKTION 5.3

Wenn Ihre Tabelle aus 5.2 Personen enthält, die Sie bereits kennen (häufig Teilnehmer aus Coaching-Ausbildungen), dann beginnen Sie noch heute damit, Kontakt zu ihnen aufzunehmen und sie auf ihre zukünftigen Rollen vorzubereiten.

Wenn die Personen nur vage definiert sind – „ein Freelancer, der Texte für eine Website schreiben kann" oder „ein erfahrener Coach, der mich supervidieren kann" –, dann suchen Sie Möglichkeiten, diese Personen zu finden. Fragen Sie bei Kollegen und Freunden. Blättern Sie durch Ihre Kontaktlisten bei LinkedIn oder anderen Netzwerken. Vor allem aber schreiben Sie für jede zu besetzende Rolle eine sehr, sehr kurze Stellenausschreibung. Drei Absätze: Die Fähigkeiten, die die Person haben sollte, das, was Sie von ihr erwarten, und das, was sie ihr bieten können.

Und wenn die Tabelle nur Sie selbst enthält, machen Sie jetzt Feierabend für heute: Sie haben ihn sich verdient, denn schon bald jonglieren Sie mehr Hüte, als Sie vielleicht je zu glauben wagten.

Tag 6 | An den Haaren aus dem Sumpf

| **Am Ende dieses Tages ... können Sie auch ohne Geld investieren.**

Baron Münchhausen erzählte, dass er sich samt Pferd am Zopf aus dem Sumpf zog, als er unterzugehen drohte. Sicher hätte er – als Lügenbaron standen ihm ja alle Möglichkeiten offen – auch einen Helfer hinzudichten können, vielleicht sogar einen auf einem Elefanten, reich geschmückt und stark wie Hundert Mann. Hat er nicht. Er sagte: Ich zog mich am eigenen Schopfe aus dem Sumpf.

Und wie schön es ist, sich selbst aus dem Sumpf ziehen zu können! Gerade Sie als Coach oder Berater wissen, wie befriedigend es ist, ein Problem allein zu lösen. Ist es nicht Ihr Ziel, dass Ihre Klienten ihre Probleme am Ende selbst lösen? Na sehen Sie. Genauso ist es mit der Unternehmensgründung: Es kann unendlich befriedigend sein, die Höhen und Tiefen des Geschäftslebens zu nehmen, sich am eigenen Schopfe packend.

Bootstrapping ist der gängige Begriff in der Geschäftswelt, wenn sich Unternehmen sozusagen aus sich selbst heraus, mit geringem oder gar keinem Budget und mit nur minimaler Hilfe von außen gründen. Der Begriff ist vom englischen *bootstraps* abgeleitet, Stiefelschnallen, an denen man sich gemäß einem Sprichwort selbst über einen Zaun heben kann.

Wie hoch ein Budget für eine Unternehmensgründung sein soll oder gar muss, ist natürlich vom jeweiligen Vorhaben abhängig. Einige Coaches sind ab Tag 1 schuldenfrei profitabel, andere verbringen die ersten fünf Jahre mit der Rückzahlung von Krediten. Der goldene Weg liegt dazwischen, und heute möchte ich Ihnen zwei Aufgaben geben, um ihn zu finden.

Zunächst noch eine Warnung: Stumpfes Sparen ist nicht das Ziel. Wenn Sie wenig ausgeben, sind Sie nicht automatisch ein besserer Gründer als jemand, der einen Kredit über 50.000 Euro aufnimmt. Bootstrapping hat eher mit Struktur, Klarheit und Einfachheit zu tun: Wenn Sie Ihre Ausgaben genau im Blick haben und sich ein klares Ziel setzen – siehe unten –, haben Sie von Anfang an eine Sorge weniger. Und dann können Sie auch mit einem Budget von 0 Euro gründen.

Apropos Kredite: „Allein das Logo kostet ja schon viertausend Euro", hörte ich einmal von einem Kunden. Ob ich es denn preiswerter hinbekäme, fragte er, denn sein Gründungs-Budget sei sehr knapp. Sicher ist es in Konzernen nicht unüblich, viele Zehntausende Euro in die Entwicklung eines neuen Logos oder Hunderttausend in eine neue Website zu investieren. Dieser Kunde jedoch war Gründer, frisch ausgebildeter Coach, mit großen Plänen und kleinem Konto. Banken? Ja, die hatte er schon angesprochen, doch die „nötigen" 50.000 Euro genehmigte bisher keine, deshalb wollte er jetzt die Kosten für die Gründung reduzieren.

Aber sind 50.000 Euro „nötig", um als Coach zum erfolgreichen Unternehmer zu werden? Natürlich nicht. Sicher kann man ohne weiteres für die Entwicklung einer Website 10.000 Euro oder für eine Web-Applikation 30.000 Euro ausgeben, aber vermutlich gibt es beides auch für 100 oder 300 Euro mit den Funktionen, die zu dem Zeitpunkt unbedingt nötig sind, wenn Sie an der Startlinie Ihres Unternehmens stehen. Die Betonung liegt auf „unbedingt nötig", denn Bootstrapping heißt im Kern, nur genau das auszugeben, das nötig für Ihre aktuelle Situation und den (Singular!) nächsten Schritt ist. Gespart wird nicht um des Sparens willen, sondern um der Einfachheit willen.

AKTION 6.1

Wenn Sie nicht sowieso schon einen taggenauen Überblick über all Ihre Finanzen haben, ist jetzt der richtige Zeitpunkt, damit zu beginnen. Also: Kassensturz! Alle Konten, alle Kassen an einem Ort sammeln. Tools gibt es genügend, im Anhang finden Sie eine kleine Auswahl.

AKTION 6.2

Werfen Sie Ihren Computer an und informieren sich über Förderprogramme. Ganz gleich, ob Sie dieses Buch in Deutschland, in der Schweiz, in Österreich oder anderswo lesen – nahezu jedes Land bietet Unternehmern finanzielle Unterstützung an. Interessant sind hier nur diejenigen, die Zuschüsse zahlen; keine Kredite. Es gibt viele verschiedene Förder-„Töpfe", angefangen beim großen Europäischen Sozialfonds bis hin zu Programmen, die an Bewohner bestimmter Bundesländer, Landkreise oder gar einzelner Städe gebunden sind.

Eine Stunde konzentrierter Recherche mit Google und Co bringt sicherlich das eine oder andere Programm zu Tage, das für Ihre individuelle Situation geeignet ist. Wenn es passt, und wenn es ein Zuschuss und kein Kredit ist: gleich beantragen!

AKTION 6.3

Einer meiner Trainer sagte mir einmal den schönen Satz: „Der Weg entsteht unter den Füßen". Dieses Bild begleitet mich seitdem, und ich achte gut darauf zu schauen, wo ich gerade stehe und wohin ich den nächsten Schritt setzen werde. Natürlich könnte ich schätzen, wie sich der Weg in der Zukunft weiterentwickeln könnte, doch ich weiß: Beim nächsten Schritt kann aus einer Gabelung schon eine Kreuzung werden, und dann ist die Schätzung von gestern wertlos.

Bootstrapping ist weniger ein Prozess als eine Haltung: Denken Sie ab heute – dies ist die letzte Aktion für diesen Tag – darüber nach, die Entwicklung Ihres Geschäfts auf diese Art zu betrachten: Erstens, wo stehen Sie jetzt, zweitens, was ist der eine nächste Schritt, und drittens, was genau brauchen Sie, etwa an Ressourcen in Form von Zeit, Geld und Fokus, um diesen nächsten Schritt zu tun?

Natürlich kann es manchmal nötig sein, den übernächsten Schritt zu planen oder eine längere Wegstrecke zumindest grob abzustecken. Dann sollten Sie sich Unterstützung von Experten holen, aber achten Sie darauf: Gehen müssen Sie selbst!

Teil 3 | MACHEN

Viel wurde geschrieben übers Machen, und ich reite in diesem Buch immer wieder auf dem Thema herum. Nach meiner Überzeugung und Erfahrung scheitern viele Projekte (und Menschen) daran, dass sie sich Wolkenkuckucksheime denken und planen, aber wenig konkret tun, um dort einzuziehen.

Wenn trotz aller Planungen die Realität irgendwie nicht eintreten will, wird gern – vor allem in der Coaching-Szene – an „inneren Widerständen" geschraubt, das „innere Kind" gesucht, alte Konflikte befriedet. Steckengebliebene Unternehmer laufen zu Scharen in Selbstfindungsseminare, zu Erfolgscoaches und anderen, die das „Lösen von Blockaden" anbieten, und schaffen es damit aufs Allerbeste, das eigentliche Problem mit vielen anderen zu überdecken. Es ist, als würden sie den Hundehaufen unter einem Berg Herbstlaub verstecken: Der Geruch bleibt.

Der vermutlich bekannteste Autor, der über innere Widerstände und deren Lösung geschrieben hat, ist Steven Pressfield. Sein Büchlein *Do the Work* ist zur Zeit der Drucklegung dieses Buchs etwa ein Jahr alt und kann die Lektüre mehrerer Regalmeter Selbsthilfebücher überflüssig machen. Lesen Sie es bitte. Als Appetitanreger ein kleines Zitat:

„Auf dem Schlachtfeld des Selbst stehen ein Ritter und ein Drache. Du bist der Ritter. Dein Widerstand ist der Drache."

Das ist, kurz gesagt, alles. Kein Ritter, der etwas auf sich hält, käme auf die Idee, das Innere Kind des Drachen in seine Gesamtpersönlichkeit zu integrieren, nicht wahr?

Viele Coaches scheinen von einer Lösungsmentalität verzaubert, die vorgibt, man müsse die inneren Widerstände befrieden. Auf die Idee, mit aller Kraft – und durchaus Brutalität – gegen sie zu kämpfen, kommen die wenigsten: Wer aber versteht, Widerstände als solche zu erkennen und sich nicht von ihnen einlullen lässt, sondern kraftvoll und entschlossen kämpft, ist auf dem besten Weg des Erfolgs und der Erfüllung.

Tag 7 | In der Tat liegt die Kraft

Am Ende dieses Tages ... sind Sie ein Täter.

Vielleicht kennen Sie dieses Sprüchlein, das sich gern auf Postkarten und in Poesiealben findet:

„Was immer du tun kannst oder erträumst, es zu können, beginne es. Kühnheit besitzt Genie, Macht und magische Kraft, beginne es jetzt."

Die Quelle dieses Zitats ist weithin unbekannt; manche behaupten, es stamme von Goethe, jedoch fand sich bisher kein Beleg. Aber ein großer Name wie dieser verleiht einem einfachen Spruch plötzlich Schwere, nicht wahr? Und tatsächlich, die Idee ist toll: Setze deine Träume um, denn die Kühnheit des Tuns ist magisch ...

... und damit ungefährlich? Die offensichtliche Botschaft dieses Sprüchleins scheint zu sein: Fang an, denn es kann dir nichts passieren. Die magische Kraft begleitet dich.

Hach, sagen viele Gründer, die diesen Spruch hören: Wie schön, macht gleich warm ums Herz. Aber dann funkt ihre Ratio dazwischen: Moment, Magie gibt es natürlich nicht, und sie denken, nein, lieber noch ein wenig weiterplanen. Lieber noch etwas mehr überlegen, wie ich das Seminar strukturieren könnte, oder lieber noch ein bisschen mehr an den Telefonskripten feilen, bevor ich mit der Kaltakquise beginne.

Wochen-, ja monatelang habe ich Coaches mit der Planung ihrer Telefonakquise (oder anderer Vorhaben) verbringen sehen, aber wirklich *getan* haben sie nichts. Denn Pläne treten umso mehr in den Vordergrund, je größer die Angst vor der Umsetzung ist. Pläne scheinen greifbar und sicher, weil sie voll in der Kontrolle des Planenden stehen. Der erste potenzielle Kunde, „kalt" angerufen, der „Brauch ich nicht!" in den Hörer bellt, ist das genaue Gegenteil: unvorhergesehen, unkontrollierbar. Wie die Welt jenseits aller Pläne.

Davor haben viele Angst, und sie flüchten sich in Pläne, die dann – natürlich! – auch ausgeführt werden sollen, und zwar dann, wenn sie fertig sind. Also nie.

Wie kann es besser gehen? Sollen Sie sich blindlings in die Aktion stürzen, gewappnet mit der magischen, glitzernden und genialen Kraft der Kühnheit, den Blick mit Scheuklappen geschützt, mitten rein in die Aktion?

Vielleicht. Dies wäre vermutlich besser als ewiges Planen, denn so kommt wenigstens Veränderung in die Welt. Aber vermutlich müssen auch Sie Lebensmittel kaufen und

Miete zahlen, und pure Aktion bringt meist zu wenig ein, als dass sich Supermarkt-Kassiererin und Vermieter zufrieden stellen ließen.

Die Lösung liegt, wie so oft, in der Mitte. Anne Lamott schrieb in *Bird by Bird* über „Schreibblockaden", unter denen einige Autoren leiden. Auf dem Weg zur Perfektion stehen sie sich selbst und dem Erfolg im Weg. Sie plädiert für einen *Shitty First Draft*, den „beschissenen ersten Entwurf" eines Artikels oder Buchs oder, übertragen auf unsere Zwecke, eines Produkts oder Business-Plans. Die radikale Philosophie des „gut genug für den Anfang" ist der Ausgangspunkt für die Lösung der Planeritis.

Denn wer *irgend* etwas tut, bringt mehr Veränderung in die Welt als jener, der unablässig plant. *Das* ist die „Magie" der Kühnheit. Und dies sollte Ihr Ziel sein. Gut genug sein, den ersten Entwurf einfach drauflos zu schreiben, zu planen, und dann loszulegen, sobald der Plan gut genug ist.

Gut genug, um Ihren Kunden zu gefallen und gute Dienste zu leisten. Gut genug, um morgens mit geradem Rücken ins Büro zu gehen.

Perfekt ist langweilig. Und zudem unmöglich. Und im Geschäftsleben werden Sie vermutlich immer wieder vor der Frage stehen: Soll ich noch weiterplanen? Oder loslegen?

Aber wann ist der richtige Punkt zum Absprung, zur Umsetzung eines Plans? Der richtige Punkt liegt erfahrungsgemäß zwischen 60 und 80 Prozent: Wenn Sie den Eindruck haben, dass Ihr Plan, Ihre Idee, Ihre Struktur, zu etwa 60 Prozent okay ist, ist ein guter Zeitpunkt, den Fallschirm festzugurten. Bei 65 öffnen Sie die Flugzeugtür und springen, und bei 70 Prozent sollten Sie bereits fallen. Sorgen Sie dafür, dass Sie jemand kräftig schubst, wenn Sie bei 80 noch nicht in der Luft sind.

Genießen Sie den Fall und den Ausblick. Der Macher erreicht mehr als der Planer, und der einzig *wirklich* notwendige Schlüssel zur Lösung ist es, rechtzeitig abzuspringen. Und das ist früher, als die meisten denken.

AKTION 7.1

Zugegebenermaßen ist das Machen für viele schwierig, beileibe nicht für alle. Für alle jedoch lohnt es sich, Buch zu führen über das Tun, und das geht am leichtesten mit einem Tagesplan, der während des Tuns entsteht.

Produktivitäts-Genie David Seah publizierte vor einigen Jahren den *Printable CEO*, eine Sammlung von simplen und äußerst effektiven Hilfen, die Sie durch den Tag führen können. Im Anhang finden Sie einen Link zu seiner Website; besorgen Sie sich die aktuellen Versionen, drucken sich einen Stapel aus (heute ist Tag 7, also benötigen Sie mindestens 30-7=23 Exemplare bis zum Ende des Buches) und legen Sie sich in jeden Tag Ihrer Wiedervorlagemappe (Sie haben doch eine – oder?) ein Exemplar und auf den Schreibtisch einen Stift, mit dem Sie die Formulare ausfüllen.

Als Hintergrund empfehle ich außerdem das Manifest des *Cult of Done* von Bre Pettis und Kio Stark, zu finden ebenfalls im Anhang. Und wenn Sie danach noch Zeit übrig haben, dann tun Sie eine Sache, die Sie schon lange aufgeschoben haben. Der Produktivitätsmuskel wächst nämlich, wie andere Muskeln auch, am besten durch regelmäßiges Gewichtheben.

Tag 8 | Die Welt erobern

Am Ende dieses Tages ... haben Sie die Welt in Ihrer Hand.

Regelmäßig werden die Besten der Welt gekürt: der beste Läufer, die beste Schwimmerin, die beste Fußballmannschaft. Alle schauen auf den Sieger, den schnellsten, besten, elegantesten und vielleicht noch auf den Vizemeister. Danach jedoch wird's neblig; wer weiß schon noch, wer bei der letzten Fußball-WM auf Platz 4 landete?

Dabei ist der vierte Platz schon ein gewaltiger Sieg, denn jeder einzelne Spieler der WM-Mannschaften ist Millionen Fußballern der Welt weit überlegen. Aber der Beste oder die Beste zu sein ist eine Frage des Kontexts. Ein Freizeitkicker im Ortsverein wird sich sicher nicht mit Lionel Messi vergleichen wollen: Er spielt in seiner eigenen Welt, für ihn ist ein Sieg gegen den Verein des Nachbarorts bedeutsamer, denn die Welt des Profifußballs ist weit von der seinen entfernt. So weit, dass Vergleiche nicht sinnvoll sind.

Als Coach oder Berater sind Sie in einer ähnlichen Situation: Es gibt ein paar Dutzend Vorbilder, die die Medien und Bücherregale dominieren. Allesamt offenbar die Besten, die strahlenden Gewinner, jeder kennt sie und viele schauen zu ihnen auf, wenn sie wieder einmal in einer Keynote oder Talkshow über Coaching sprechen. Oft höre ich von meinen Kunden: Auch sie wollen so werden – am besten ganz schnell. Selbst wenn sie bisher gerade einmal in der Kreisklasse coachen.

Wer der Beste ist, ist jedoch immer anhand des Kontexts definiert, in dem jemand unterwegs ist. Anstatt also zu den besten *der* Welt gehören zu wollen, sollten Sie anstreben, zum Besten *Ihrer* Welt zu werden. Das ist nicht nur vernünftig und sinnvoll, vor allem können Sie dieses Ziel auch als Einzelkämpfer realistisch erreichen. Der beste Bäcker am Ort zu werden ist einfacher, wenn der Ort überschaubar und vor allem wenn es *Ihr* Ort ist.

Der beste Coach Ihres Metiers, Ihrer Welt zu werden ist einfach, wenn Sie diese Welt kennen – oder definieren. Eine Welt ist mehr als nur Positionierung oder Zielgruppe. Sie ist der Gesamtkontext, in dem Sie sich mit Ihrem Unternehmen bewegen, und genau wie es dem Freizeitkicker egal ist, was in der Champions League passiert, gibt es für Sie keinen Grund, die Konkurrenz der glänzenden WM-Coaches zu fürchten.

AKTION 8.1

Zunächst betrachten Sie die große Welt: Vermutlich haben Sie einige Vorbilder aus der „Szene", vielleicht einen berühmten Coach oder eine bekannte Trainerin oder andere, die sich landes- oder sogar weltweit profiliert haben.

Picken Sie eines dieser glänzenden Vorbilder heraus, werfen Google an und umreißen die Welt dieser Person: Wo tritt sie auf, welche Bücher, welche Vorträge, welche Zielgruppen, Themen und Kundenreferenzen finden Sie online?

AKTION 8.2

Zweitens, die kleine Welt: Suchen Sie nach einem örtlichen Betrieb, vielleicht einem Fleischer oder Elektriker, der an Ihrem Ort, in Ihrer Stadt oder Ihrem Stadtteil bekannt ist wie ein bunter Hund. Umreißen Sie auch dessen Welt und vergleichen sie diese kleine Welt mit der großen aus der vorigen Aktion.

AKTION 8.3

Drittens, Ihre Welt: Definieren Sie die Welt, in der Sie arbeiten wollen. Wie umreißen Sie Ihre Welt? Welche Kunden, Projekte, Themen, Orte werden Sie ansteuern? Beschreiben Sie diese Welt so ausführlich, wie Sie möchten, bis der Tag zu Ende ist. Dann setzen Sie alles daran, diese Welt zu der Ihrigen zu machen. Werden Sie der Beste.

Tag 9 | Ihr erstes Produkt

Am Ende dieses Tages ... können Sie Ihr erstes Produkt verkaufen.

Würde ein Bäcker einen neuen Laden in der Fußgängerzone einer Großstadt eröffnen, müsste er vermutlich mehrere Probleme auf einmal lösen: Um sich von den anderen Läden abzuheben und Kunden zu gewinnen, müsste er Produkte bieten, die anders sind als die der Konkurrenz. „Anders" kann bedeuten: besser, größer, leckerer, gesünder, billiger oder teurer, hübscher verpackt oder besser arrangiert. Mit anderen Produkten hätte er eine Chance, sich vom Markt soweit abzuheben, dass er wahrgenommen wird, Interessenten anlockt und Kunden gewinnt.

Er könnte auch die Brötchen vom selben Großhändler einkaufen wie sein Konkurrent gegenüber, jedoch die *Art* ändern, in der er sie verkauft. Wie ein Marktschreier vielleicht? Oder mit einem täglich andersfarbigen Hut? Oder mit besonders ausgeprägter und ehrlicher Freundlichkeit oder einem besonders freundlichen und gut gekleideten Team? Auch dies alles könnte (wohlgemerkt *könnte*) ihm dabei helfen, dass Kunden ihn aufsuchen – wohl wissend, dass er keine anderen Brötchen verkauft als die Konkurrenz, jedoch zufriedener mit dem Kauferlebnis.

Als Coach haben Sie einen großen Vor- und einen fast ebenso großen Nachteil. Der Vorteil: Sie können beliebig viele Produkte entwerfen, entwickeln und verkaufen. Dies ist gleichzeitig der Nachteil, denn wer viele Möglichkeiten hat, kann sich leicht verlaufen.

Heute wird ein langer Tag. Sie werden Ihr erstes Produkt entwerfen und entwickeln, und ich bitte Sie, den Singular ernst zu nehmen: Es wird *genau ein* Produkt sein, und im Idealfall wird es bis zum Ende dieser 30 Tage auch genau ein Produkt bleiben.

AKTION 9.1

Eine der vielen Möglichkeiten, sich einem Produkt zu nähern, ist die des hungrigen Kunden. Fragen Sie sich: Worauf haben meine Idealkunden Appetit – nein, besser Hunger? Wenn Sie das wissen, fragen Sie sich: Was kann ich diesen hungrigen Leuten bieten, damit sie satt und zufrieden nach Hause gehen?

Für einen Bäcker an einem Bahnhof ist dies einfach. Ein typischer Kunde ist der Ich-muss-meinen-Zug-erwischen-und-vorher-schnell-etwas-essen-denn-ich-habe-nicht-gefrühstückt-Büromensch. In Eile, hungrig und durstig, und das Portemonnaie im Anschlag. Er kauft, ohne lange zu überlegen (denn er hat es eilig), ein belegtes Brötchen und einen Kaffee.

Wenn Sie noch keine Vorstellung von *wirklich* hungrigen Coaching-Klienten haben, dann stellen sie sich morgens um halb neun an eine U-Bahn-Haltestelle in der City einer Großstadt, am besten an eine Rolltreppe. Schauen Sie sich die Leute an, die aus den Bahnen die Rolltreppe hinauf quellen, schauen Sie (unauffällig) in ihre Gesichter, und Sie wissen: Die meisten dieser Drohnen sind *so* hungrig nach Freude, dass sie ihren emotionalen Magen schon gar nicht mehr knurren hören.

Lesen Sie Ihren Idealtag und Idealklienten noch einmal durch, und suchen Sie nach *Hunger*. Dem unbändigen Verlangen nach Veränderung, der unabwendbaren Notwendigkeit, die ein Coaching nicht nur „nett", sondern *essenziell* macht. Dann schreiben Sie diesen Hunger auf.

Wenn Sie mögen, führen Sie noch heute eine Umfrage unter Ihren ersten 100 potenziellen Kunden durch: Telefonieren Sie Ihre Kollegen, Freunde und Bekannten in Ihrem Telefonbüchlein oder in Ihrer Kontaktliste bei LinkedIn, Xing oder Facebook durch, und im Nu haben Sie Dutzende Gesprächspartner, die nichts lieber tun, als über ihre Probleme zu sprechen – die Sie dann gezielt lösen können.

Fragen Sie dabei durchaus gezielt nach Problemen, denn die meisten Ihrer zukünftigen Kunden werden sich mit einem Problem-Fokus und dem Wunsch nach Problem-Beseitigung durchs Leben schleppen. Die Attitüde einiger (oft frisch gebackener) Coaches, es gäbe keine Probleme, sondern nur Herausforderungen, ist fern jeder Realität. Das Wort Problem ist durchaus erlaubt, richtig und wichtig, denn es ist das Wort, das oft am besten zur Wahrnehmung des Klienten passt. Hier ein paar Beispiele für Probleme und den Hunger:

- Problem: Einsam und verlassen; hungrig nach Freude, Liebe, Glück oder einer anderen essenziellen Emotion.
- Problem: Stress, Verwirrung und Burnout (der Klassiker für viele Coaches); hungrig nach Ruhe und Einfachheit.
- Problem: Als Manager hilflos den Team-Spielchen ausgeliefert; hungrig nach Kraft.

AKTION 9.2

Sie sind der Bäcker und wissen: Ihre Kunden wollen schnell satt werden. Also bieten Sie ihnen fertig belegte Brötchen an. Sie sind der Coach, und wissen: Ihre Klienten wollen, nein: sie müssen _____. Also bieten Sie Ihnen ... was? Was *konkret* können Sie *tun*, um den Hunger Ihrer Klienten zu stillen? Wieder drei Beispiele:

- Den nach Freude, Liebe und Glück Hungrigen biete ich ein Drei-Tages-Coachingprogramm in einer Großgruppe, in dem sie zu ihrer eigenen, inneren Liebe finden.
- Jenen, die sich nach Ruhe und Einfachheit sehnen, biete ich in Kooperation mit einem Spa-Hotel in den Bergen ein einwöchiges Einfachheits-Retreat.
- Krafthungrige Manager begleite ich in den Steinbruch, damit sie lernen, welche Kraft in ihnen schlummert.

AKTION 9.3

Nun wissen Sie, wonach Ihre potenziellen Kunden hungrig sind, und Sie wissen, was Sie ihnen bieten können. Falls Sie mehr als eine Idee hatten, entscheiden Sie sich jetzt für eine und lassen die anderen vorerst links liegen. Wenn die Entscheidung schwer fällt, machen Sie Flaschendrehen oder würfeln Sie es aus, wichtig ist, dass Sie sich ab jetzt auf genau ein Produkt konzentrieren.

Nun empfehle ich eine kurze Pause mit leckerem Essen oder einem Spaziergang, und danach setzen Sie sich für eine Stunde hin und schreiben sie genau eine Seite, auf der Sie nach diesem Muster Ihr Produkt beschreiben:

1. Das Problem Ihres Klienten und
2. sein Hunger.
3. Danach das, was Ihr Produkt mit dem Hunger macht, d. h. die Art und Weise, wie Ihr Produkt diesen Hunger stillt, und zum Ende
4. die Beschreibung Ihres Angebots.

Eine Seite, und nicht schummeln: Seitenränder und Schriftgröße sollten vernünftig sein. Etwa 4.000 Zeichen sind ein guter Richtwert. Denken Sie an die Angabe der Gruppengröße (wenn es sich an Gruppen richtet) und an den Ort, also alle Formalitäten. Und natürlich an den Preis.

Herzlichen Glückwunsch, Ihr erstes Produkt ist fertig! Es wird uns den Rest des Buches begleiten.

Tag 10 | Corporate Identity und Corporate Design

> **Am Ende dieses Tages ... kennen Sie den Look Ihres Unternehmens**

Der zehnte Tag beginnt mit einer, Verzeihung, Meditation. Schauen Sie sich, ohne weiteres Ziel vor Augen, die Websites einiger großer und erfolgreicher Unternehmen an. Nehmen Sie eine Handvoll Unternehmen, die Ihnen spontan einfallen. Wenn ich mich in meinem Büro umschaue, sehe ich spontan: Apple, Starbucks, Crumpler, 37signals, JBL, Pepsi. Sicher nicht repräsentativ, doch ein guter Ausgangspunkt. Sie finden vielleicht andere Marken, von denen Sie in diesem Moment umgeben sind.

Schauen Sie sich die Websites dieser Unternehmen an. Die Websites von Unternehmen, die große, bekannte Marken führen. Vielleicht steht eine Tube Handcreme neben Ihrem Monitor, vielleicht ist ein Firmenname auf dem Kugelschreiber aufgedruckt, mit dem Sie Notizen in diesem Buch machen, oder Sie schauen aus dem Fenster und sehen ein Auto einer bekannten Marke?

Schauen Sie sich die Websites dieser Unternehmen an, vorerst ziellos, und klicken ein wenig herum.

Nun vergleichen Sie diese Websites mit dem, sagen wir, Kaninchenzüchterverband einer Kleinstadt. Los, seien Sie mutig, googlen Sie „kaninchenzüchterverband" und betrachten die ersten zehn Websites, die Google anzeigt, jede Website in einem neuen Browser-Tab, und dann klicken Sie herum.

Es ist nicht *wirklich* überraschend, dass der Unterschied frappierend ist, schließlich haben Kaninchenzüchterverbände üblicherweise ein geringeres Budget als, sagen wir, PepsiCo. Das heißt aber nicht, dass sich mit einem kleinen Zeit- oder Geld-Budget nicht der Eindruck eines großen Unternehmens erwecken ließe.

Also: Was unterscheidet die Website von, sagen wir, 37signals – einem der erfolgreichsten Web-Unternehmen der letzten Jahre und inzwischen unter den bekanntesten Softwareunternehmen der Branche – von einer einfachen Hobby-Website?

Ganz einfach, die professionelle Website zeichnet sich durch eine klare Linie aus, erkennbar auf den ersten Blick und im Ideal bis ins kleinste Detail fortgeführt. Ihre Website ist – genau wie Visitenkarte und Broschüre – Ihr Stellvertreter, wenn Sie gerade nicht anwesend sind. Wenn Ihr Kunde Ihre Website besucht, sollte er auch *Sie selbst* wiedererkennen; wenn ein Fremder Ihre Site oder Broschüre oder Visitenkarte zum ersten Mal sieht, sollte er sofort ein Gefühl dafür bekommen, wer *Sie* sind.

Die Corporate Identity („Unternehmens-Identität") ist ein inhaltliches, strategisches und emotionales Leitbild, das ein Unternehmen durchzieht. Corporate Design bedeutet, dieses Leitbild in Form von Text, Grafik, Layouts und anderen Mitteln auszudrücken.

Nun verlangt natürlich niemand, dass Sie schon an Tag 10 und gar an einem Tag ein komplettes CI/CD entwickeln sollen; etwas, wofür eine Agentur Wochen oder Monate benötigt. Sie können jedoch schon heute einen großen Teil dessen abhaken. Beides wird sich mit den Monaten und Jahren sowieso immer wieder verändern, weshalb also nicht sofort anfangen?

Die Corporate Identity entwickeln wir während des gesamten Buches, und schon seit Tag 3 haben Sie die Kernaussagen der CI gefunden, deshalb konzentrieren wir uns jetzt auf das Design. Auch als Nicht-Designer können Sie viel Vorarbeit leisten, die sich lohnt.

AKTION 10.1

Zu den besten Beispielen für CI und CD zählen die beiden Teile des *Brand Book* von Skype: Die Broschüren „How we Think" (CI) und „How we Look" (CD). Schauen Sie sich diese Broschüren an (Download-Links im Anhang) und achten Sie dabei weniger auf Details als den Gesamteindruck.

Welchen Eindruck gewinnen Sie vom Unternehmen als Ganzes, welche Emotionen spüren Sie, wenn Sie die Texte lesen, die Bilder und Illustrationen betrachten, den Gesamteindruck in sich aufnehmen? Dieser Gesamteindruck ist das, was am Ende des CI/CD steht, und er besteht aus kleinen Einheiten, die Sie in den nächsten Aktionen entwickeln.

AKTION 10.2

Schauen Sie sich die Aufzeichnungen der letzten Tage an, vor allem die Positionierung von Tag 3. Dann suchen Sie sich, ausgehend vom Gesamteindruck, den Sie vermitteln möchten, und ohne groß nachzudenken ein Schema von Farben, die diesen Gesamteindruck wiedergeben.

Verwenden Sie zum Beispiel Adobe Kuler (kuler.adobe.com) oder eines der vielen anderen Tools. Klicken Sie so lange herum, bis Sie ein Schema finden, das zu mindestens 90 Prozent kongruent ist mit dem, was Sie ausdrücken möchten.

Knifflig? Vermutlich. Lohnenswert? Auf jeden Fall. Denn die Farben und deren Beziehungen zueinander bestimmen zu einem großen Teil das Gefühl, das Sie auf den ersten Blick vermitteln können. Wählen Sie eine Farbe als Hauptfarbe und verwenden Sie Kuler oder ein anderes Tool, um dazu passende Farben zu erzeugen. Sobald das Farbschema bei Ihnen „klick" macht, speichern Sie es ab oder schreiben die Farbwerte auf.

AKTION 10.3

Mit den gefundenen Farben machen Sie sich nun auf die Suche nach einer Handvoll (nicht mehr!) Fotos, die symbolisch Ihre Angebote repräsentieren können.

Sind Sie vielleicht ein Steuerberater, der gleichzeitig coacht, und ist die Präzision in der Steuerberatung Ihr Argument, um Coaching zu verkaufen? Dann suchen Sie Fotos, die diese Präzision ausdrücken: Uhrwerke zum Beispiel, vielleicht Pyramiden, oder ein sich teilender Zellkern mit sichtbaren DNA-Strängen. Als Team-Coach im Bankensektor, dem die fließende Kommunikation zwischen Teammitgliedern am Herzen liegt, suchen Sie emotional geladene Fotos von Personen, die gemeinsam etwas Großes bewirken. Und als Paar-Coach findet bei Ihnen etwas zusammen, das vordergründig auseinander driftet.

Die zugrunde liegende Strategie ist einfach: Zunächst abstrahieren Sie und kommen so zum Beispiel von „Paarberatung" zu „Dingen, die zusammenfinden". Dann suchen Sie aus diesem konzeptuellen Bereich ein neues Beispiel: Welche Dinge können zusammenfinden, oder vielleicht auch *wieder*zusammenfinden? Zwei Weinranken vielleicht, die sich berühren. Flüsse, die zusammenfließen. Priele im Wattenmeer bei Flut. Bienen, die in den Stock zurückfliegen. Erst durch Abstraktion das Konzept, dann ein neues Beispiel für dieses Konzept finden: Probieren Sie es aus, es ist einfach und geht schnell in Fleisch und Blut über.

Im Anhang finden sie eine Auswahl an Foto-Agenturen, die professionelles Material liefern. Suchen Sie sich jetzt eine Handvoll Bilder, die zu Ihnen, Ihrer Positionierung und dem wachsenden Unternehmen passen. Nehmen Sie sich zwei oder drei Stunden Zeit und seien Sie präzise und pingelig. Die passenden Fotos zu finden ist keine leichte Aufgabe. Dafür ist das Ergebnis, wenn es einmal steht, umso beeindruckender, denn plötzlich können Sie sagen: Ja, das bin ich.

AKTION 10.4

Die letzte Aktion für heute heißt: eine Schrift finden. Schriften gibt es wie Sand am Meer, und genau wie man manchmal lange am Strand spazieren gehen muss, um *die* Muschel zu finden, die genau aufs Ohr passt, ist die Suche nach der passenden Schrift oft langwierig und komplex. (Wenn ich mich für meine Kunden auf Schriftsuche begebe, vergehen nicht selten Tage oder Wochen, bis *die* Schrift gefunden ist.)

Nehmen Sie also das bisher gefundene – Farben und Fotos – und blättern sich durch eine der einschlägigen Websites (siehe Anhang). Hier gibt es leider keine verhältnismäßig einfachen Strategien wie die, die zu den passenden Bildern führen. Es gibt eine Hilfestellung: Verwenden Sie als Beispieltext für das Schriftmuster auf der Website Ihren eigenen Vor- und Zunamen und, wenn vorhanden oder geplant, den Firmennamen und beurteilen Sie danach die Wirkung der Schriften.

Achten Sie nicht vorrangig auf die Preise. Es gibt Schriften, die sind kostenlos und solche, für die Sie mehrere hundert Euro oder mehr zahlen. Die Bedeutung der Schrift ist im Design-Prozess oft so tiefgreifend, dass sich auch hohe Ausgaben lohnen können.

Fangen Sie an, und finden Sie bis zum Ende des Tages mindestens eine Schrift, die bei Ihnen „klickt", oder zumindest den Anschein macht. Lassen Sie sich dann für die endgültige Entscheidung ruhig noch einen oder mehrere Tage Zeit – parallel zu den folgenden Buch-Tagen.

Tag 11 | Pricing

> **Am Ende dieses Tages ... wissen Sie, wie viel Geld Ihre Arbeit wert ist.**

Es war einmal vor langer Zeit in einem Land, das vermutlich nie existierte, eine große Fabrik. Aus hohen Schornsteinen quoll der Rauch, in riesigen Tanks lagerten Chemikalien, die vermengt wurden, um am Ende einer unendlich komplizierten Produktionskette in einen Vorratstank zu fließen. Seit vielen Jahrzehnten stand die Fabrik am selben Ort, und jedes Jahr wurde sie größer und größer. Die Leitungen und Rohre wanden sich in komplizierten Arrangements über das Werkgelände, bis eines Tages ...

... ein lautes „gnorf!" erklang. Die Fabrik kam zum Stillstand. Nichts funktionierte mehr, an einigen Stellen tropften die ersten Chemikalien aus den Rohren. Die Arbeiter waren besorgt, denn niemand wusste genau, was passiert war und wie es repariert werden konnte. Blau- und Weißkittel legten die Stirn in Falten, die Rohre knirschten und knarzten. Einer sagte: He, erinnert ihr euch an Manfred? Den Mechaniker, der letztes Jahr in Rente ging? Der kennt den Laden hier doch in- und auswendig. Wir rufen ihn an.

Also kam Manfred und ging über das Werksgelände. Er horchte an Rohren, schaute mit seiner Taschenlampe unter die Silos, begutachtete alles ganz genau, Rohr um Rohr, Schraube um Schraube. Minuten vergingen, dann Stunden. Die Mitarbeiter wurden langsam ungeduldig, denn das Knirschen und Knarzen hörte nicht auf.

Nach gut zwei Stunden griff Manfred in seine Werkzeugkiste und zog einen kleinen Hammer hervor. Er verschwand in einem Wartungsschacht im Boden, beobachtet von schulterzuckenden Geschäftsführern. Man hörte, wie er zweimal mit dem Hammer klopfte, und ...

... das Rohr-Ungetüm lief, erst stotternd, dann schnurrend, wieder an. Mit großen Augen und vielem Händeschütteln und breitem Lachen verabschiedeten die Fabrikarbeiter Manfred: „Du hast uns gerettet! Vielen Dank!"

Einige Tage später erreichte ein Brief das Büro des Fabrikdirektors, mit einer Rechnung von Manfred. Sie lautete:

Dienstleistungen zur Reparatur der Fabrik, 2 Stunden, € 50.000,-

Der Geschäftsführer brach in lautes Lachen aus. Er rief Manfred an: „Jetzt hör mal zu, Manni ... Klar hast Du uns gerettet, aber fünfzigtausend Euro? Du Schlitzohr hast doch nur zweimal mit Deinem Hämmerchen an ein Rohr geklopft!" Er legte, noch immer lachend, den Hörer auf.

Am folgenden Tag kam ein erneuter Brief. Er enthielt eine neue Rechnung:

Zweimal mit dem Hammer an ein Rohr klopfen, € 2. Wissen, an welche Stelle geklopft werden muss, € 49.998, Summe: € 50.000, zahlbar sofort.

Noch am selben Tag schickte der Direktor einen Boten mit einem Scheck zu Manfred nach Hause.

Viele Dienstleister sind sich über den tatsächlichen Wert ihrer Leistungen nicht sicher, oder zumindest nicht sicher genug, um diesen Wert in Geld zu übersetzen. Wenn ich mit Gründern arbeite, gleich in welcher Branche, ist Pricing eines der arbeitsintensivsten Themen: „Wie finde ich denn heraus, wie viel man *für so etwas* nimmt?" ist die Frage, die ich häufig höre.

Die Antwort ist verblüffend einfach; zumindest einfacher, als Sie womöglich denken. Sie lautet: Sobald Sie mehr wissen oder können als Ihr Klient und wenn dieses Wissen oder Können Ihrem Klienten weiterhilft, sind Sie *für Ihren Klienten* ein Experte. Und als Experte können Sie für Ihre Leistung genau den Betrag verlangen, der *Ihnen* angemessen erscheint. Wenn der Kunde nicht bereit ist, diesen Betrag zu zahlen, dann entlassen Sie ihn und suchen einen neuen.

Manfred, der imaginäre Fabrik-Experte aus der Geschichte (die Ihnen womöglich schon in anderen Variationen begegnet ist) wusste und konnte mehr als die versammelte Fabrikmannschaft. Dieses Wissen und Können setzte er gezielt ein und übersetzte es in einen Geldbetrag, den er einforderte.

Es gibt Coaches, die berechnen für eine Coaching-Session von 60 Minuten 40 Euro. Andere nur 25. Wieder andere 80 oder 90 Euro. Ich habe Coaches getroffen, die pro Stunde 240 Euro einnehmen, und welche, die bei 400 Euro je Stunde erst warm werden. Tagessätze von 5.000 oder gar 20.000 Euro sind möglich, werden in Rechnung gestellt und auch brav gezahlt. Der Markt ist groß und flexibel genug, um alle vorstellbaren Preiskonstellationen zu realisieren.

Ich möchte Ihnen heute ein Rezept geben, mit dem Sie *Ihren* Preis herausfinden, zumindest den für die nächsten Monate. Wie alles andere, was wir in diesem 30-Tage-Programm gemeinsam tun, kann auch der Preis revidiert werden, doch wenn Sie die beiden nächsten Aktionen durchführen, haben Sie einen Preis für die kommenden Monate.

AKTION 11.1

Diese Aktion klingt einfach, ist jedoch für die meisten Gründer horrend schwierig: Ignorieren Sie die „Marktpreise" und die Preise Ihrer Konkurrenz! Es ist absolut belanglos, ob Herr Müller oder Frau Maier einen höheren oder niedrigeren Tagessatz hat als Sie. Das Honorar ist kein Vergleichsmaßstab für Qualität; Sie sind Coach, kein Automechaniker. Der Mechaniker tauscht einen, sagen wir, Bremsbelag aus. Er kauft einen Bremsbelag, montiert den alten ab, den neuen an, fertig. Das kann jeder Automechaniker.

Ein Coach aber muss, genau wie Manfred der Hammermann, die verworrenen und allzu oft verwirrten Gedanken- und Gefühls-Leitungen des Klienten genau verstehen. Sie sind nicht in erster Linie durch Ihre Ausbildung, sondern vor allem durch Ihre eigene Persönlichkeit und das erworbene Wissen und Können entweder ein Experte für das Problem Ihres Klienten, oder Sie sind es nicht. Wenn Sie es sind, dann können Sie jeden Preis festsetzen, den Sie für richtig halten, und wenn Ihr Klient zufrieden ist, wird er diesen Preis gern zahlen.

Aktion 11.1 ist also eine Anti-Aktion: Verbannen Sie den Gedanken „Ich muss marktübliche Preise verlangen" ein für alle mal aus Ihrem mentalen Gefüge, und wenn Sie hierzu Hilfe benötigen, klopfen Sie jetzt bei Ihrem Supervisor oder einem Coach-Kollegen an. Mit einer gewissen Wahrscheinlichkeit plagt ihn ein ähnliches Problem, so dass Sie sich gegenseitig auf die Beine helfen können.

AKTION 11.2

Denken Sie zurück an Ihren Idealtag und den Idealklienten und holen die Aufzeichnungen nochmals auf den Bildschirm. Gegen Ende des Idealtags ... was machen Sie da? Schreiben Sie etwa eine Rechnung? Falls nicht, dann ergänzen Sie den Idealtag um diese Aktion: Schreiben Sie Rechnungen an die Idealklienten, denen Sie an diesem Tag mit Ihrem Wissen und Können weitergeholfen haben.

Fertig?

Gut.

Welcher Betrag steht auf den Rechnungen? Schreiben Sie ihn ebenfalls in die Beschreibung des Idealtages, und rechnen den Betrag dann, der Einfachheit halber, auf einen Tagessatz hoch. Bei vier Klienten á einer Stunde á 100 Euro wären das also 400 Euro für einen halben Tag (vier Stunden), demnach ein Tagessatz von 800 Euro.

> Schreiben Sie auch diesen Tagessatz in Ihre Idealtagbeschreibung. Dann verdoppeln sie ihn. Es darf ruhig ein bisschen zwicken und zwacken, wenn Sie das tun, aber aller Wahrscheinlichkeit nach sind Sie mit dieser neuen, höheren, Zahl sehr viel näher an dem, was Ihre Leistung *tatsächlich* wert ist.
>
> Schauen Sie sich den Betrag an und verbringen Sie den Rest des heutigen Tages damit herauszufinden, ob er der richtige ist. Woher Sie das wissen? Wenn es ein bisschen zwickt und zwackt, wenn Sie daran denken, den Betrag in Rechnung zu stellen, dann ist er richtig. Nutzen Sie ruhig den ganzen Tag dafür, um an der Zahl herumzuschrauben, und bleiben sie bei ihr, mindestens bis zum Ende dieses Buchs.

Tag 12 | Zertifizierungen und Verbände

> **Am Ende dieses Tages ...** wissen Sie, welcher Berufsverband der richtige für Sie ist.

Jeder Coach und Berater stolpert während seiner Ausbildung(en) über diverse Vereine und Verbände, die unverhohlen um seine Gunst buhlen. Bevor ich auf das Für und Wider eingehe ... Kennen Sie Dr. Zoe?

Dr. Zoe hatte es weit gebracht in ihrem Leben. Sie war von angesehenen Verbänden in klinischer Hypnose zertifiziert, war Mitglied in Gremien einiger Berufsverbände und hatte sogar, wie der Name vermuten lässt, die Doktorwürde erhalten. Wunderbar, nicht? Würde ein Klient Dr. Zoes Praxis betreten, er würde sich wohl in einem mit Auszeichnungen, Zertifikaten und Urkunden bestückten Behandlungsraum wiederfinden, tief eingesunken im teuren Ledersessel und die Behandlung der weithin bekannten Expertin erwartend, während Dr. Zoe ruhig, hochkonzentriert und ihrer Art angemessen ...

... sich am Kratzbaum die Krallen schärft. Der Haken war nämlich: Dr. Zoe war eine Katze. Ihr Eigner – Dr. Steve Eichel, amerikanischer Psychotherapeut – hatte ein Experiment gewagt: Wegen des in der „Szene" grassierenden Zertifizierungswahns ließ er Zoe zertifizieren, und zwar bei durchaus angesehenen, teils stark akademisch geprägten Verbänden. Er hatte niemals gelogen und keine Dokumente gefälscht, aber auch niemals gesagt, dass Zoe eine Katze ist. Es gab schließlich nirgendwo ein Kästchen, in dem er hätte ankreuzen können, ob der zu Zertifizierende von der Art *homo sapiens* ist oder nicht. Zoe wurde zu *Dr. Zoe D. Katze, Ph.D., Certified Hypnotherapist, DAPA*.

Natürlich, Katzen sind perfekte Hypnotiseure, vermutlich die besten der Welt. Doch über die Geschichte von Dr. Zoe wird – seit 2002 – noch heute berichtet, und immer wieder schütteln Leser in aller Welt die Köpfe: Sollte es wirklich so einfach sein, sich Zertifikate zu beschaffen?

Ja, leider, das ist es. Eine Abhandlung über das Unwesen der Zertifizierungsindustrie könnte die Hälfte dieses Buchs füllen. Merken Sie sich vorerst nur diesen Satz:

Eine Zertifizierung hat genau den Wert, den Ihr Kunde ihr zuschreibt.

Natürlich bekommt man nicht *jedes* Zertifikat nach Einsendung eines Formulars und Überweisung von ein paar Hundert Euro, aber ... sind Sie sicher, dass Ihre Kunden genau wissen, welche Bedingungen Sie erfüllen mussten, um zu Ihren Zertifikaten zu gelangen, und ob sie überhaupt echt sind?

Wenn Sie sich als Coach bei der, sagen wir mal, Zertifikate-Meier GmbH & Co. KG ein Zertifikat kaufen, auf dem steht „Herr Müller ist ein toller zertifizierter Coach", und sich dieses Papier in Ihrem Büro aufhängen, den Siegel-Stempel aufs Briefpapier schmettern, werden Ihre Kunden beeindruckt sein. Auch wenn es so klingt, ich übertreibe nicht im geringsten.

Unterscheiden Sie zwischen zwei grundlegenden Arten, eine Zertifizierung zu erlangen: Bei einigen Zertifikatsmühlen kaufen Sie ein Blatt Papier und das Recht, mit einem Markennamen zu werben, bei anderen werden Ihnen oft sehr umfangreiche Prüfungen abverlangt, damit sie Mitglied werden und mit dem (oft Marken-)Namen des Verbandes auch für sich selbst werben dürfen.

Nur: Wieso das Ganze? Warum sollte das nötig sein, und was sagt ein Zertifikat über einen Coach oder Berater aus?

Ein Zertifikat kann keine Aussage über die Qualität des Coaches treffen. Ein Zertifikat kann – logisch zwingend – kein Qualitätsmaßstab sein, auf den sich ein beliebiger Klient verlassen sollte, sondern höchstens einer, der auf ganz spezielle Klienten wirkt. Ein Zertifikat ist vor allem ein Werbemittel, das umsichtig eingesetzt werden will.

Stellen Sie sich vor: Verband V hat eine Richtlinie R, aufgrund derer ein Coach geprüft wird. Vielleicht muss er gewisse Ausbildungen bei gewissen Instituten besucht haben oder eine Anzahl von Jahren Berufserfahrung haben, oder er muss Prüfungen bestehen. Diese Richtlinie R wird von Verband V festgesetzt, und wenn der Anwärter sie erfüllt, sagt der Verband: Jawohl, dieser Coach ist im Rahmen unserer Richtlinie R geprüft und für gut befunden – oder eben nicht, wenn er durchfällt.

So weit, so gut. Verband V sagt also: Sie sind hiermit ein zertifizierter V-Coach. „Juhu!" denkt der frischgebackene Coach, „ich bin zertifiziert!" Aber was *bedeutet* das, und welche *Wirkung* hat es auf Ihre Kunden? (Die Wirkung auf Sie selbst möchte ich hier nicht diskutieren, das ist Stoff für Ihre Supervision.)

Auf die Kunden, die Ihren Verband V kennen und schätzen, hat es zweifelsohne eine positive Wirkung: „Wenn der Herr Müller jetzt ein V-Coach ist, wow, dann buche ich ihn und zahle gern das Doppelte!", könnte einer dieser Kunden denken. Für diesen Kunden lohnt sich die Zertifizierung. Auf diejenigen, die Verband V nicht kennen, jedoch andere, ähnliche Verbände, kann die Wirkung ebenfalls positiv ausfallen.

Die mutmaßlich größte Menge der potenziellen Klienten jedoch kennt weder Verband V noch andere Verbände und sieht nur das Zertifikat, und hier wird es gefährlich. Auf den ersten oder zweiten Blick kann ein Laie zwar prüfen, ob die Kriterien für die Zertifizierung durch einen Verband in etwa seinen Vorstellungen entsprechen, aber er kann, wenn überhaupt, nur auf den dritten Blick feststellen, ob diese Qualitäts-Kriterien tatsächlich von den Prüfern und – viel wichtiger! – von Ihnen selbst eingehalten werden.

Vor allem aber kann eine Zertifizierung keinem Kunden die Frage beantworten: Ist dieser Coach der richtige für mich?

Aber Moment mal, wenn das so aussieht wie oben beschrieben, dann könnten Sie sich doch auch selbst zertifizieren, oder? Natürlich können Sie das, und es hält Sie auch nichts davon ab, den eigenen Verband zu gründen. Das ist alles andere als verwerflich, es ist Teil der Marktwirtschaft, denn ein Verband schafft durch eine Zertifizierung einen Wert, der gehandelt werden kann.

Wie schon gesagt ist ein Zertifikat oder die Mitgliedschaft in einem Verband nichts anderes als ein Werbemittel. Wenn Sie in Branchen arbeiten, in denen bestimmte Verbände *en vogue* sind, kann es sinnvoll sein, eine dortige Mitgliedschaft anzustreben. Und wenn Sie glauben, dass die meisten Ihrer Klienten ein Zertifikat von Verband V, W oder X als toll einstufen, dann hängen Sie es sich in Ihr Büro und auf Ihre Website.

Verfallen Sie jedoch nicht der Vorstellung, dass eine Zertifizierung immer mit Qualität gleichzusetzen ist; sie ist etwas völlig anderes. Mit diesem Wissen können Sie ruhig und gelassen in die heutige Aktion starten.

AKTION 12.1

Fertigen Sie eine Liste von allen Berufsverbänden und Vereinen an, die für Ihre Arbeit in Frage kommen könnten. Denken Sie neben den methodisch ausgerichteten Verbänden auch an branchengebundene Verbände. Wenn Sie in der Beratung also mit der XYZ-Methode arbeiten und Ihre Dienste hauptsächlich im Bankensektor anbieten wollen, schauen Sie sowohl auf alle Verbände, die XYZ propagieren, als auch auf jene, die sich (ohne Fokus auf XYZ) in der Bankenbranche tummeln.

AKTION 12.2

Denken Sie zurück an Ihren Idealklienten und lesen Sie gern nochmals die Beschreibung. Fragen Sie sich: Welche der zuvor notierten Verbände könnten – als Werbemittel verstanden! – mehr Idealklienten wie diesen zu mir bringen?

Wählen Sie jene Verbände aus, die nach Ihrer Einschätzung zu ihrem Idealklienten passen, und prüfen Sie, bei welchem Sie Mitglied werden wollen. Nur die Schnittmenge enthält die Verbände, die infrage kommen sollten. Vielleicht stellt sich auch heraus, dass es geschickter ist, keinem Verband beizutreten oder nach ein, zwei Jahren einen eigenen zu gründen.

AKTION 12.3

Falls Sie sich für einen Verband entschieden haben oder zumindest eine Shortlist haben, versuchen Sie noch heute, mit möglichst vielen Mitgliedern zu telefonieren und sie über ihre Erfahrungen zu befragen. Markieren Sie in Ihrem Kalender die Termine der nächsten Info-Abende und planen Sie fest ein, diese zu besuchen, bevor Sie sich entscheiden. Lassen Sie sich ruhig einige Wochen Zeit: Es gibt keinen triftigen Grund, überstürzt irgendwo Mitglied zu werden, nur weil „man" es so macht. Sie kaufen ja auch nicht am ersten Tag der Selbständigkeit zehntausend Kugelschreiber mit Werbeaufdruck.

Tag 13 | Den Hunger stillen

> **Am Ende dieses Tages ... machen Sie Hungrige satt.**

Im Grund ist Marketing ist nichts anderes, als Hungrige zu finden und Ihnen einen Weg zu zeigen, satt und zufrieden zu werden. Im täglichen Marketing geht es nicht um das allzu abstrakt klingende „Stillen eines Bedarfs". Marketing ist nicht das Verbreiten heißer Luft, sondern das Erschaffen von Zufriedenheit, dem Hunger nach mehr, danach weiterer Zufriedenheit und so weiter.

An Tag 9 haben wir uns bereits mit dem Hunger beschäftigt, als Sie Ihr erstes Produkt entwickelten. Heute geht es um verschiedene Stadien des Hungers – und die Möglichkeiten, wie Sie in jedem Stadium ein (Teil-)Produkt anbieten können.

Doch zuvor: Was ist eigentlich Hunger? Meine Oma hätte gesagt: „Kind, du weißt doch gar nicht, was Hunger ist", und damit hätte sie Recht gehabt. Wenn Sie nach einem Bürotag nach Hause kommen und sich wie ein Wolf die Tiefkühlpizza reinziehen, dann ist das vermutlich weit von dem entfernt, was unsere (Ur-)Großeltern Hunger genannt hätten. In der Überflussgesellschaft muss man lange suchen, um echten Mangel zu finden, doch je enger Sie die Nische definieren, umso einfacher finden sie ihn, denn Mangel ist hoch subjektiv.

Ein Beispiel zur Erklärung: Das unschmeichelhafte Wort „Schreibaby" bezeichnet Kinder, die offensichtlich grundlos über Monate hinweg täglich stundenlang weinen, brüllen, schreien. Für Mediziner und Psychologen ein interessantes Forschungsgebiet, für Eltern die Hölle. Nach einigen schlaflosen Wochen ist der elterliche Wunsch nach Ruhe kein Appetit, sondern existenzieller Hunger. Anderes Beispiel: Der überarbeitete 08/15-Büromensch gehört zum Alltag, und keinen Stress zu haben wirkt vielerorts schon ungewohnt und unangepasst. Der *extrem* überarbeitete Büromensch jedoch, der noch spät nachts am Computer sitzt, geplagt von Ängsten, die Familie könnte zerbrechen, die Wohnung verfallen, und der sich schon unter der Brücke schlafen sieht — der hat keinen Alltagsstress, sondern existenziellen Hunger nach Sicherheit, Geborgenheit, Sinn.

Die Schwelle, bei der ein Hungriger nach Hilfe sucht, ist unterschiedlich hoch: Einige gehen schon beim leisesten Anzeichen von Appetit zum Kühlschrank, andere warten, bis sie unterzuckert sind. Der typische Burnout-Kandidat wird niemals auf Präventions-Coachings ansprechen, wohingegen vermutlich viele „Schreibaby"-Eltern schon nach wenigen Tagen Google anwerfen und nach Hilfe suchen. Jeder Kundentypus braucht seine Ansprache, und der unterschiedliche Grad seines Hungers ist ein Kriterium von vielen, das es Ihnen erleichtert, Ihr Produkt von Tag 9 gezielter auf Ihre zukünftigen Kunden zuzuschneiden.

> **AKTION 13.1**
>
> Zunächst schauen Sie auf den Kunden mit leichtem Magenknurren — also das Gefühl, das Sie nachts aufweckt und zum Kühlschrank tapsen lässt. Nehmen Sie das Produktblatt von Tag 9 und stellen Sie sich vor, Ihr Kunde braucht das Produkt nicht *wirklich* – genauso wenig wie er die Käsescheibe mitten in der Nacht braucht, aber irgendwie wäre es schon nett. Sicher sind das nicht jene Kunden, die sofort buchen, kaufen, genießen und weiterempfehlen, doch es lohnt sich, sie anzusprechen.
>
> Was können Sie diesem leicht hungrigen Kunden bieten, damit er Ihr Produkt kauft oder zumindest einen Schritt weiter in der Kaufentscheidung kommt? Welche Argumente sind für ihn geeignet, welche nicht? Wie können Sie ihn überzeugen, sich Ihr Produkt zumindest anzuschauen, ohne es sofort kaufen zu müssen?
>
> Ein Beispiel: Bieten Sie einen Test zur Selbsteinschätzung. Ein Burnout-Check zum Ankreuzen ist schnell entworfen, ebenso ein „Habe ich wirklich ein Schreibbaby?"-Test oder etwas anderes, das ein Ziel hat: Ihr Kunde soll beginnen, sich mit dem Thema eingehender auseinanderzusetzen, und das funktioniert besonders gut über den Kunstgriff der Selbstreflexion.
>
> Was auch immer Sie sich ausdenken, schreiben Sie es jetzt auf, und zwar so, dass ein neues Produktblatt nach dem Muster von Tag 9 entsteht, genau auf den leicht hungrigen Kunden gemünzt.

> **AKTION 13.2**
>
> Nun der Kunde mit großem Hunger. Stellen Sie sich vor, Sie gingen morgens ohne Frühstück aus dem Haus, und nach 12 Stunden bemerken Sie: Hoppla, den ganzen Tag gearbeitet ohne zu essen und zu trinken. Die Menschen mit dieser Art Hunger sind die wichtigsten, denn sie haben einen konkreten Bedarf, können dabei aber noch gut genug denken und abwägen – im Unterschied zur dritten Gruppe.
>
> Schreiben Sie auch für die Kundengruppe der wirklich Hungrigen ein Produktblatt, das auf sie abgestimmt ist. Auch hier überlegen Sie: Welche Argumente für Ihr Produkt sind dem Hungrigen vermutlich am wichtigsten? Was an Ihrem Angebot kann seinen Hunger stillen?

AKTION 13.3

Zuletzt der Kunde mit existenziellem Hunger: Der Vater oder die Mutter, die nachts um vier halb wach, halb schlafend am Computer googlet, froh, dass das Baby nun endlich schläft, und voller Sorge, dass es jeden Moment wieder schreiend erwachen kann, wissend, dass er oder sie in zwei Stunden selbst aufstehen muss, um ins Büro zu fahren. Oder der Büroarbeiter, der bis zum Morgengrauen an der Präsentation bastelte und sich nun einen Schlafplatz im Büro sucht, weil in drei Stunden das nächste Meeting beginnt.

Denken Sie an einen Extremfall, ruhig auch auf die Spitze getrieben wie im vorigen Absatz, in dem sich Ihr Idealkunde (erinnern Sie sich noch an ihn? Bitte nachlesen!) befinden könnte: Was vermag ihm in dem Moment, in dem er Ihre Website findet, schnell so viel hochkalorische Wissens-Nahrung zu geben, dass er die nächsten Stunden übersteht, und vielleicht sogar die nächsten Tage?

Entwerfen Sie für diesen Typus Kunde ein Produkt, das ihn sofort ein Stück weiterbringen kann. Das klassische Muster der „x-besten Tips für ..." mag abgestanden klingen, ist jedoch sinnvoll und erfolgreich. Beispielsweise könnten Sie ein E-Book schreiben, *Die drei schnellsten Fluchtwege aus dem Burnout-Sumpf*, das handfeste Handlungsanweisungen gibt, die auch der Hungrigste noch ausführen kann. Wenn Ihr potenzieller Kunde einmal von Ihrem Angebot genascht hat und in höchster Not satt geworden ist, wird er sich an niemand anderen wenden als an Sie, wenn der erste Hunger gestillt ist und er sich nun nach einem etwas nahrhafteren Menü umschaut.

Formulieren Sie das Angebot für diesen existenziell hungrigen Kundentypus ruhig übertrieben, denn genauso nimmt er seine Situation wahr. Los!

Tag 14 | Finden und gefunden werden

> **Am Ende dieses Tages ... wissen Sie, wo Ihre Kunden auf Sie warten.**

Hand aufs Herz: Wann haben Sie zuletzt einen Flyer in einem, sagen wir, Bioladen liegen sehen und sofort gedacht: „Na *so* ein Glück, ein Coach! *Den* rufe ich sofort an!"

Das ist weit hergeholt? Nun, wenn ich einen frischgebackenen Coach frage, wie er seine ersten Klienten akquirieren möchte, höre ich allzu oft: „Äh ... naja, ich dachte ich lege ein paar Flyer im Bioladen aus?" Ja, der magische Bioladen mit dem magischen Regal, in dem die Flyer warten: Von Coaches, Beratern, Organisationsentwicklern und Psychotherapeuten bunt gemischt mit einem Strauß aus vielen höchst esoterischen und damit zweifelhaften anderen Angeboten.

Und daher kommen die Klienten. Klar doch.

Oh, ich mache mich hier nicht lustig über die noch fehlende Erfahrung desjenigen, der denkt, dass das Auslegen von Broschüren eine gute Methode zur Kundenakquise ist, ganz egal ob im Bioladen, im Café, im Museum oder an anderen Orten. Tatsächlich kann ein Hauch von Guerilla-Marketing entstehen, wenn die Flyer perfekt auf die Orte abgestimmt sind. Ich wundere mich aber immer wieder über die oft unbewusste Angst, die bei solchen Aktionen durchscheint: „Ich lasse mich lieber finden", höre ich dann von den Coaches, und: „Ich ziehe die richtigen Klienten an, wenn ich an sie denke." Manche Coaches – gebildete, freundliche, warmherzige Menschen – scheinen genau dann einzuknicken, wenn der Ruf zur Jagd erklingt. Nein, lieber finden lassen, irgendwoher werden sie schon kommen, die Kunden.

Das Beispiel ist zugegebenermaßen auf die Spitze getrieben; solch esoterische Extremwünscher gibt es freilich nur selten. In sanfter Version jedoch ist diese Denkstruktur – es wird schon jemand kommen – weit verbreitet, und sie ist tödliches Gift für jedes Unternehmen. Erinnern Sie sich an den Spielfilm *Feld der Träume*? Hauptfigur Ray, gespielt von Kevin Kostner, hörte eine Stimme: „Wenn Du es baust, wird er kommen!" Er erlag fast dem finanziellen Ruin, als er getrieben von dieser fixen Idee ein Baseball-Feld in seinem Maisacker anlegte, und tatsächlich: Das Baseball-Feld war fertig, die legendären Spieler kamen und zogen die Menschenmassen an. Und mit ihnen kam der Erfolg. Rays Traum wurde wahr.

Dieses Bild hat sich in einige Marketing-Kreise ausgeweitet, und viele glauben, dass sie ganz einfach nur ihrem Traum folgen müssen, damit die Kunden scharenweise kommen. Keine Frage: Es macht die Arbeit leichter, wenn der eigene Lebenstraum mit dem Unternehmen kongruent ist, aber allein davon wird kein Unternehmer erfolgreich.

Wie so oft liegt auch hier die Lösung in der Mitte: Wenn Sie sich gleichermaßen auf das aktive Suchen und Finden von Kunden konzentrieren und es neuen Kunden erleichtern, Sie zu finden, stehen die Chancen für eine entspannte Akquise gut. Gestern haben Sie drei Texte geschrieben: Für Kunden mit Magenknurren, mit großem Hunger und mit existentiellem Hunger. Lassen Sie uns nun zusehen, dass sie zu Ihnen kommen.

AKTION 14.1

Finden Sie die Hungrigen und schreiben Sie eine kleine Tabelle: Für den Magenknurrer, den Heißhungrigen und den mit dem existenziellen Hunger; die drei Typen also, für die Sie gestern Texte schrieben. Wo treffen Sie sie? Auf Parties? In Hotels, Golfclubs, auf Autobahnraststätten oder in Parks? Ist der extremhungrige Burnout-Kandidat in Online-Foren anzutreffen? Informiert sich der magenknurrende Beziehungs-Stresser bei Freunden über sein Problem oder fragt er Google? Was macht der mit existenziellem Beziehungs-Stress anders als der mit reinem Interesse?

Wenn Sie Ihrem Idealklienten begegnen würden, in jeder dieser drei Dringlichkeits-Stufen, wo würden Sie ihn finden? Genau *das* ist der Ort, an dem Sie das Wasserloch in der Steppe sein können. Vielleicht ist es der Bioladen, aber ich gehe fast jede Wette ein, dass er es nicht ist.

AKTION 14.2

Das Geheimnis des magischen Gefunden-Werdens ist, dass es keines gibt. Sie werden gefunden, wenn Sie auf sich aufmerksam machen — oder wenn es einer Ihrer zufriedenen Kunden für Sie übernimmt. Genau das können Sie Ihren Kunden erleichtern.

Nehmen Sie also nochmals die gestrigen drei Texte zur Hand und bearbeiten Sie sie noch ein wenig mit einem anderen Auge: Stellen Sie sich vor, Ihr Kunde war zufrieden mit Ihrer Leistung als Coach oder Berater und möchte Sie gern weiterempfehlen. Ist Ihr Text auch dafür geeignet? Wenn nicht, überarbeiten Sie ihn, ändern Sie die Ansprache, die Überschriften oder Bilder – immer mit einem Auge auf Kollegen oder Freunde Ihres Kunden. Denn wenn Sie auch diese ansprechen, machen Sie es Ihrem empfehlungswilligen Kunden leichter. Und je leichter es Ihr Kunde hat, Sie zu empfehlen, umso leichter finden Sie neue Kunden.

Tag 15 | Wie soll's denn heißen?

Am Ende dieses Tages ... wissen Sie um den Wert eines Namens.

Babys! Sind sie nicht toll? Und so süüüüß! Schauen Sie nur, erst zwei Wochen alt ... Diese kleinen Händchen! Und die süßen Fältchen über den hellblauen Äuglein! Ist er nicht niedlich, der kleine ... Horst!? Nun ja, ein Name, den vermutlich niemand mit einem niedlichen kleinen Jungen verbinden würde – zumindest nicht entsprechend dem Geschmack der Zeit, in der das vorliegende Buch entstand. Der kleine, niedliche ... Horst – nein, irgend etwas stimmt hier nicht.

„Das klingt aber nicht wie ich!" sagte ein Kunde, als wir über mögliche Namen für sein Unternehmen sprachen. „Der Name klingt toll, aber ... der klingt nicht wie ich!" sagte er, und er hatte recht. Der Fantasiename, den er sich im Laufe vieler Tage und Wochen ausgedacht hatte, klang zwar cool und trendy, aber eben so ganz und gar nicht wie er: Mittsechziger, graumeliertes Haar, jahrzehntelange Führungserfahrung.

Es ist wie bei Horst: Die Eltern mögen den Namen cool und trendy finden, aber ... nein, irgendwie passt er nicht zum Kind, genauso wenig wie der trendige Firmenname zum konservativ wirkenden Coach.

Es gibt viele Agenturen, die auf das *Naming* spezialisiert sind, und es ist möglich, viel Zeit und Geld in einen aufwendigen Prozess zu investieren. Nach Marktanalysen, Marken-Recherchen, Tests und so weiter haben Sie dann vermutlich einen Namen für Ihr Unternehmen, der rundum passt — etwa ein halbes bis dreiviertel Jahr nach Start des Prozesses und nachdem Sie viele Tausend Euro ausgegeben haben. Das ist schön und gut und in manchen Fällen sinnvoll, aber für den Großteil der Leser dieses Buches vermutlich ein paar Nummern zu groß.

Brauchen Sie überhaupt einen Namen für Ihr Unternehmen? Reicht Ihr eigener Name nicht? Tatsächlich, er reicht, meistens. Grundsätzlich plädiere ich immer dafür, dass vor allem Einzelunternehmer ihren eigenen Namen ohne weitere Ausschmückungen verwenden. Coaching und Beratung ist eine sehr persönliche Angelegenheit, und es ist wichtig, dass Sie für Ihren Kunden unmittelbar greifbar sind. Der Abstand zwischen einem Fantasienamen und Ihnen selbst als Mensch und Coach ist einfach zu groß. Etwas komplexer wird die Sache, wenn Sie mit Partnern unterwegs sind, doch eins nach dem anderen.

Nehmen wir als Beispiel den Coach Hans Müller, der als Einzelunternehmer Burnout-Coaching speziell für IT-Manager in Deutschland anbietet. (Die Komplikationen der Namensfindung für mehrsprachige Angebote vernachlässige ich hier.) Wenn Herr Müller sein Unternehmen so nennt ...

- Hans Müller

... dann hat er ein kleines Problem, denn es gibt viele Müllers. Manche Menschen haben das Glück, mit einem auffälligen und vermutlich seltenen Namen geboren zu sein. In Hamburg zum Beispiel gibt es eine Baufirma (mit der ich in keiner Weise verbunden bin) mit dem hübschen Namen Butterfas & Butterfas. Traumhaft, nicht?

Wenn Sie einen Allerweltsnamen tragen, hängen Sie die Beschreibung Ihres Kernangebots dahinter. Herr Müller könnte also variieren:

- Hans Müller Coaching
- Hans Müller Burnout-Coaching
- Hans Müller IT-Burnout-Coaching

Schon viel besser, denn es gibt zwar viele Müllers, aber nur wenige, die gleichzeitig IT-Burnout-Coaching anbieten. Klingt noch nicht sexy genug? Stimmt, aber in den allermeisten Fällen genügt das. Sie sind keine Werbeagentur, die einen trendigen Namen braucht, Sie sind ein Berater oder Coach, der sich in Augenhöhe dem Klienten präsentiert.

AKTION 15.1

Finden Sie einen Namen! Stellen Sie sich vors Flipchart (oder den Computer) und schreiben Sie drauflos. Beginnen Sie mit Ihrem eigenen vollen Namen: Hans Müller, Dr. Petra Metternich-Lüdenscheidt. Schreiben Sie Ihren Namen in die Mitte des Flipcharts. Falls Sie mit einem Team an den Markt gehen wollen, gibt es Kombinationsmöglichkeiten, hier einige Beispiele für Herrn Müller und Frau Schulze.

- Traditionell: Müller & Schulze
- Trendig: müllerschulze, MÜLLERSCHULZE, MÜLLER\SCHULZE etc.
- Abgekürzt: M&S, MS
- Teilgenannt: Müller & Kollegen, Schulze & Co.

Zufrieden damit? Dann gehen Sie direkt zu Aktion 15.4, aber vorher: Googlen Sie, ob es schon jemand anderen mit demselben Namen in derselben Branche gibt und passen Sie Ihre Auswahl gegebenenfalls an.

AKTION 15.2

Wenn Ihr eigener Name Ihnen – weshalb auch immer – nicht als Unternehmensname passt, geht's weiter. Schauen Sie in die Ergebnisse von Aktion 3.3, die knackige Aussage, die aus Ihren Überlegungen zur Positionierung entstand. Schreiben Sie diese Aussage unter Ihren Namen und betrachten Sie das ganze: Was lässt sich aus diesen Elementen – Name und Positionierung – basteln? Schreiben Sie alle Variationen auf.

Hans Müllers Positionierungs-Kern für sein Angebot (Burnout-Coaching in der IT-Branche) lautet, spontan erdacht: *Den Absturz vermeiden durch mentalen Neustart*. Aus der Kombination dieser Elemente ergeben sich einige Möglichkeiten, zum Beispiel diese:

- Hans Müller Burnout-Prävention
- Müller Mental-Reboot
- Müllers Absturz-Schutz-Coaching

Machen Sie nun dasselbe, und wenn Sie damit zufrieden sind, gehen Sie zu Aktion 15.4, ansonsten lesen Sie weiter.

AKTION 15.3

Weder Name noch Name plus Positionierung haben gepasst? Haben Sie mindestens drei Stunden damit verbracht, alle Möglichkeiten zu testen? Wenn nein, bitte zurück zum Flipchart. Wenn Sie am Ende der Möglichkeiten angelangt sind, bleibt noch immer der Fantasiename. Hier muss ich Sie nun bitten, auf eigene Faust weiterzuarbeiten, denn die Namensfindung gehört zur Königsdisziplin der Marketingberatung. Hier hilft: freies Assoziieren, Kombinieren, Experimentieren und gegebenenfalls ein paar Tage oder Wochen zu warten, bis der richtige Name „plötzlich auftaucht". Meist passiert das beim Duschen. Haben Sie Geduld.

AKTION 15.4

Ganz gleich, welchen Namen Sie nun gefunden haben, es gibt noch mindestens drei weitere Schritte zu tun:

Erstens, suchen Sie per Google nach anderen Anbietern, die ihre Unternehmen ähnlich (oder sogar identisch) benennen wie Sie Ihres nennen möchten.

Zweitens, prüfen Sie alle verfügbaren Markenregister (Liste im Anhang), ob bereits jemand anders Markenrechte an „Ihrem" Namen angemeldet hat. Das Prüfen auf eigene Faust ersetzt zwar nicht die professionelle Recherche, kann jedoch zumindest helfen, das Territorium abzustecken. (Ob eine spätere markenrechtliche Anmeldung Ihres Namens nötig und sinnvoll ist, beantwortet Ihnen der Anwalt Ihres Vertrauens.) Achtung: Auch Namen oder Begriffe, die wie Allerweltsnamen klingen, können markenrechtlich geschützt sein!

Drittens, schreiben Sie Ihren gewählten Namen in der Schrift, für die Sie sich an Tag 10 entschieden haben: Passt's? Wenn ja, ist alles prima. Wenn nein, muss entweder die Schrift eine andere werden oder der Name. Unterschätzen Sie nicht die Wichtigkeit dieses Schrittes! Schriften transportieren Emotion gleichermaßen wie Worte, und wenn Sie in der Kommunikation nach außen stimmig auftreten wollen, muss alles zusammenpassen.

Wenn dann wirklich alles passt, drucken Sie den neuen Namen auf einen Zettel und tragen ihn für den Rest des Tages in Ihrer Tasche herum, schauen immer mal wieder drauf und freuen sich. Sie haben einen wichtigen Schritt geschafft!

Tag 16 | Pralinen gratis!

Am Ende dieses Tages ... verschenken Sie Ihr Wissen.

In meinen Vorträgen erzähle ich oft einen alten Witz. Er ist nicht wirklich gut, aber es ist der einzige Witz in diesem Buch, versprochen. Er geht so:

Es gibt zwei Wörter im WWW (World Wide Web, umgangssprachlich auch „Internet"), auf die die Leute sofort klicken. Das eine ist *Sex*, das andere ist *gratis*, und ideal ist, wenn Sie beides kombinieren.

Verzeihung. Sie müssen nicht lachen.

Aber nachdenken: Wenn Sie eine Website sehen, auf der irgendetwas gratis angeboten wird, spüren Sie dann auch, wie Ihr Cursor geradezu magisch angezogen wird und auf den Gratis-Knopf klicken will? Kennen Sie diesen leisen inneren Dialog zwischen jenem Persönlichkeitsanteil in Ihnen, der Haben, Haben, Haben will, und der Vernunft, die sagt: „Nein, du hast doch schon so viel, das brauchen wir nicht *auch* noch!"

Meistens siegt der Habenwoller. Und wieso auch nicht? Es ist doch gratis! Also her damit! Ist doch egal, was die Vernunft sagt, mal sehen, vielleicht brauche ich's ja wirklich, irgendwann einmal, und vielleicht auch jetzt. Also: Runterladen, jetzt, sofort.

Das Wörtchen „gratis" wirkt, wie das Wörtchen „Sex", auf tiefgründige Instinkte. Und falls Sie sich als Unternehmer nicht in der Erotik-Branche tummeln – wobei es da besonders für Coaches viele Möglichkeiten gäbe! – und nicht mit Sex werben können, bleibt immer noch „gratis". Natürlich ist gratis nicht gleich gratis, und ein kleiner Haken ist durchaus dabei, jedoch ein wohlschmeckender. Heute schöpfen wir Pralinen: Gratis-Pralinen.

> **AKTION 16.1: EIN PRALINENREZEPT**
>
> Schauen Sie auf die Ergebnisse von Tag 13: die Hungrigen. Was sie hungrig macht, wissen Sie. Sie kennen ihren Mangel, und Sie wissen, was sie satt macht: Ihr Angebot.
>
> Was aber macht die Hungrigen *ein wenig* satt? Was stillt den Hunger gerade so viel, dass sie einen kleinen und entscheidenden Schritt weiterkommen in Richtung ihrer Lösung,

und zwar ohne dass Sie Ihre Hilfe als Coach oder Berater in Anspruch nehmen müssen? Ein paar Beispiele:

- Der gestresste Büromensch mit leichtem Magenknurren freut sich vielleicht über ein kurzes, leicht verdauliches Interview, in dem Sie die verschiedenen Schweregrade von Stress diskutieren.
- Dem akut hungrigen Burnout-Kandidaten ist das zu wenig, er braucht vielleicht einen übersichtlichen Wochenplan mit einfachen Aufgaben, die ihn im Laufe weniger Tage ein Stück zurück in die Normalität führen.
- Der existenziell Hungrige, der seine Frontzähne vor Frust schon in die Schreibtischplatte versenkt hat, ist mit einem Wochenplan überfordert. Ihm hilft vermutlich ein einminütiges Video, in dem Sie als Coach eine verständliche Anweisung geben, was jetzt in diesem Moment zu tun ist, um klarer zu werden.

Dies sind nur Beispiele; sie haben eines gemeinsam: Sie geben wertvolle Information weiter. Eine Praline darf nicht mit heißer Luft gefüllt sein, sie muss lecker und nahrhaft sein. Denken Sie an den freundlichen Nachbarn, der vorbeispaziert, während Sie grillend im Garten stehen. Würden Sie ihm alte Baguette-Krümel anbieten oder eine leckere Wurst vom Grill?

Finden Sie nun ein Pralinenrezept für einen Ihrer drei Hunger-Typen von Tag 13. (Nur für einen, denn wir haben nur einen Tag.) Was macht ihn satt genug, dass er Ihre Hilfe zunächst nicht braucht? Geben Sie es, reichlich.

AKTION 16.2: PRALINE SCHÖPFEN

Je nachdem wie die Praline beschaffen ist, wählen Sie nun das Format. Hier einige Beispiele:

- Text: Ein als E-Book möglichst hübsch aufbereiteter Text-Bild-Mix
- Audio: Ein Interview oder kurzer Vortrag
- Video: Ein Vortrag oder Mini-Seminar

Komplexere Formate wie E-Mail-Autoresponder, Screencast, Communities etc. bleiben hier unbeachtet: erweitern können Sie später immer noch. Für den Anfang empfehle ich die einfachstmögliche Fassung – als Text –, dann können Sie Ihre Praline ohne großen Aufwand in Ihre neue Website einsetzen, die Sie an Tag 19 fertigstellen werden.

Im Anhang finden Sie einige Werkzeuge, die beim Pralinenschöpfen helfen. Viel Spaß!

Tag 17 | Print

> **Am Ende dieses Tages ... haben Sie Ihre Werbung in der eigenen Hand.**

Vorgestern habe ich ein wenig gefrotzelt über Flyer, die wenig bis gar nichts bewirken, wenn sie einfach so herumliegen, womöglich noch am falschen Ort. Dennoch, oder gerade deshalb, soll es heute um Print-Produkte gehen, nämlich diejenigen, die wirken. Denn auch in einer Welt, die – wie ich finde – glücklicherweise immer digitaler wird, haben Papierprodukte ihren Reiz nicht verloren.

Vielleicht erinnern Sie sich an alte Spielfilme, in denen Graf von Sowieso bei Baroness Hierundda vorstellig wird: Der Graf läutet, die Hausdame öffnet und nimmt seine Visitenkarte entgegen. Während von Sowieso mit Cognacschwenker im Entrée wartet und die Gamaschen trocknet, eilt die Bedienstete mit dem Kärtchen auf dem Silbertablettchen zur Baroness, um den Grafen anzukündigen. Die Visitenkarte war insofern ein Stellvertreter des Grafen, und sie entschied auch darüber, ob er vorgelassen wurde oder nicht.

Im 19. Jahrhundert entwickelte sich ein neuer Trend. Die *Carte-de-Visite* (auch Visitportrait genannt) zeigte auf einer Karte in standardisierter Größe neben dem Namen der Person auch ein Portrait: Diese Karten wurden nach dem Besuch des Abgebildeten in Besucher-Alben aufbewahrt und ähnlich wie die heutigen Fußballsammelbildchen gehandelt.

Die Visitenkarte, die wir heute kennen, ist eine Mischung beider Formate: Ein Türöffner zum einen, ein Vergissmeinnicht zum anderen. Die ideale Visitenkarte verbleibt nach dem Überreichen lange Zeit *auf* dem Schreibtisch des Empfängers und wird nicht – wie heutzutage üblich – sofort abgetippt und weggeworfen. Sie ist Ihr Stellvertreter, wenn Sie nicht anwesend sind, und sollte die Essenz Ihres Unternehmens unmissverständlich weitertragen.

Dies gilt für alle weiteren Drucksachen genauso: Die Produktbroschüre ist Ihr Vertriebler, oder, wenn Sie allein unterwegs sind, Ihr Vertriebler-Persönlichkeitsanteil.

Klingt schwierig? Ist es auch: Die Entwicklung einer wirklich guten Visitenkarte kann Wochen dauern, und vier- oder sogar fünfstellige Honorare sind keine Seltenheit. Die gute Nachricht: Nicht jeder braucht solchermaßen perfekte Karten, und wenn Sie gerade neu starten, sind sie erst recht nicht nötig. Am Ende des heutigen Tages haben Sie alles, was Sie brauchen, um vernünftige Drucksachen zu erzeugen.

AKTION 17.1

Schauen Sie in die Aufzeichnungen von Tag 10 und erinnern Sie sich, was Sie zu Farben, Fotos, Schriften und so weiter geschrieben haben. Nehmen Sie wenn nötig Ergänzungen vor und planen Sie vorerst eine Drucksache: Eine Visitenkarte für Ihr Unternehmen, für Sie selbst sowie eine für jeden der Partner, der unter Ihrer Flagge segelt. Die Produktbroschüre für Ihr Produkt haben Sie bereits an Tag 9 entwickelt – mit den diversen „Hunger"-spezifischen Änderungen an Tag 13, und diese Ausarbeitung ist vorerst ausreichend.

Übermorgen werden Sie eine Website erstellen, und Dank der modernen Tools im WWW ist es leicht möglich, an einem Tag „von Null auf Live" zu kommen. Für den Print-Bereich ist das leider ganz und gar nicht möglich, auch nicht, wenn der gewünschte Perfektionsgrad auf 50 Prozent gesenkt wird. Selbst auf den ersten Blick einfache Aufgaben wie Visitenkarten stellen sich bei genauer Betrachtung als ziemlich komplex heraus, und gute Designer kosten, gerechterweise, viel Geld.

Es gibt zwei Auswege:

- Der simple und schnelle Ausweg: Schauen Sie sich bei Druckereien um, die Visitenkarten auf Basis von vordefinierten Vorlagen drucken (Adressen finden Sie im Anhang). Mit etwas Glück ist eine Vorlage dabei, die hinreichend gut zu Ihrem CD passt. Bringen Sie Ihre Texte in die Formulare ein, wählen Sie Farbe und Schriften und bestellen Sie die Karten. Fertig.
- Der komplexere Ausweg: Schreiben Sie einen Auftrag auf einem der vielen Outsourcing-Portale aus, dort finden sich viele erstaunlich gute Designer, die in kurzer Zeit und für wenig Geld alles Nötige liefern. Natürlich kann man für wenige hundert Euro keine Meisterleistungen erwarten, aber für die ersten Schritte genügt es allemal, und neben der Visitenkarte kann Ihr Grafiker auch Ihre Produktbroschüre(n) auf einen offsetdruckfähigen Flyer bringen. Adressen einiger Portale finden Sie ebenfalls im Anhang.

Sobald Ihre Karten geliefert werden, denken Sie bitte daran, *immer* einige Exemplare mitzunehmen, ganz egal wohin Sie gehen. Sie wissen nie, wann Sie sie brauchen. Geben Sie sie freizügig – jedoch nur denen, auf deren Schreibtisch Sie tatsächlich liegen wollen.

Tag 18 | Netzwerken

> **Am Ende dieses Tages … sieben Sie Gold aus dem Meer der Kontakte.**

Visitenkartenpartys! Erinnern Sie sich? In den Neunzigern schossen sie wie Pilze aus dem Boden, heutzutage sind sie nurmehr eine Randerscheinung. Man traf sich in Hotels, Handelskammerlobbys oder Seminarräumen, bewaffnet mit Visitenkarten und Broschüren. Der Veranstalter richtete einige warme Worte an die Versammlung, und dann ging es los, je nach Methode mehr oder weniger moderiert: Jeder stürzte auf jeden, mit dem Ziel, mit möglichst vielen Teilnehmern zu „netzwerken". Zu den Hochzeiten dieses Brauchs gab es regelrechte Holster, in denen die Karten wie ein Revolver getragen werden konnten, allzeit bereit.

Wer am Ende die meisten Visitenkarten als Trophäen mit nach Hause trug, hatte gewonnen. Aber was? Kontakte. Und wer viele Kontakte hat, ist erfolgreich, denn jeder weiß ja: Viel hilft viel. Richtig?

Natürlich nicht. Nicht die Anzahl der Kontakte ist für den Erfolg maßgeblich, sondern die Qualität. Ein Benutzerkonto bei LinkedIn mit Tausenden Kontakten zu füllen (oder füllen zu lassen) ist keine Kunst, und der aktuelle Preis für 1.000 neue Facebook-„Freunde" liegt bei knapp 30 Euro. Kontakte sind wie die Kiesel im Flussbett, es gibt sie zuhauf, und an einem einzigen Badetag kann sie jeder säckeweise nach Hause karren.

Sie sollten sich aber nicht für Kiesel interessieren, sondern für Goldklumpen. Und dafür sollte es nicht nötig sein, knietief durch den Schlamm zu waten. Hierzu gebe ich Ihnen drei Regeln auf den Weg, die hilfreich sein könnten:

- Die merkwürdige Abstraktion im Sprachgebrauch, die aus einem Menschen einen „Kontakt" macht, ist das erste Hindernis, das es zu überwinden gilt. Löschen Sie bitte *jetzt* das Wort „Kontakt" aus Ihrem mentalen Lexikon: Jeder Kontakt ist ein Mensch, und wie jeder Mensch hat er Wünsche, Probleme, Bedürfnisse. Und wie jeder Mensch freut er sich, auf freundliche und wohlgesonnene Menschen zu treffen, die ihm helfen können, seine Wünsche zu erfüllen, Probleme zu lösen, Bedürfnisse zu befriedigen.
- Daraus ergibt sich die nächste offensichtliche Regel, die Ihnen hilft, auf Gold zu stoßen: Zugang zu jenen Menschen, die zu Ihnen, zu Ihren Ideen und Vorhaben passen, finden Sie, indem Sie die Orte aufsuchen, an denen sie sich vermutlich aufhalten. Verbringen Sie keine Zeit auf dem Jahrestreffen der Kleintierzüchter, wenn Sie nicht Kaninchencoach sind.

- Die dritte Regel lautet dann, ebenso offensichtlich: Geben Sie, was das Zeug hält. Verschenken Sie Ihr Wissen, Ihre Höflichkeit, Ihre Freundlichkeit, und erwarten Sie keine Gegenleistung. Wenn Sie dem oft zitierten Idealbild des hilfsbereiten Experten nacheifern, ziehen Sie Goldklumpen an wie ein Magnet den Nagel.

Drei offensichtliche Regeln — wieso schreibe ich sie dann hier? Weil hinter den Bildschirmen, hinter den Online-Präsentationen, den Hochglanzbroschüren allzu oft die Menschen verschwinden und mit ihnen so wichtige Dinge wie Höflichkeit, Hilfsbereitschaft und – verzeihen Sie das überraschende Pathos – tatsächlich auch Ehre.

Im Geschäftsleben funktioniert das Flirten übrigens ebenso wie im Privaten. Ein Beispiel, Samstag Abend im Theater: Im Foyer treffen sich Ihre Augen mit denen eines anderen Besuchers oder einer Besucherin, und Ihr Herz hüpft. Der Einlass öffnet sich, und Sie verlieren sich im Getümmel. Nun könnten Sie mit gezückter Visitenkarte warten, bis alle Platz genommen haben und sich dann durch die Reihen quetschen, der oder dem Angebeteten Ihre Karte in die Hand drücken mit den Worten „Wollen Sie eine Synergie mit mir eingehen?" und sich aus dem Staub machen. In einem von tausend Fällen mag das funktionieren, aber die Kollateralschäden sind enorm.

Sie wissen aber: Bald kommt die Pause, und dann werden Sie beide mit den Klassikern Sekt und Salzbrezel im Foyer herumlungern. Nutzen Sie die Zeit, um sich vorzubereiten, nutzen Sie den Spannungsbogen zwischen dem ersten Blick und dem vielleicht zweiten. Wie beim Flirt ist der Aufbau von Geschäftsbeziehungen ein Spiel zwischen Nähe und Ferne, zwischen Möglichkeiten und Gewissheiten.

Geschäftliche One-Night-Stands sind einfach: anrufen, auf Passgenauigkeit prüfen, Projekt planen, Projekt durchführen, Rechnungen schreiben, fertig. Vielleicht auch mal wiederholen, ganz zwanglos. Dies aber ist Katzengold, es glitzert hübsch, hat aber keinen langfristigen Wert. Echte Nuggets glänzen für Jahre oder Jahrzehnte, und es lohnt sich, lange zu sieben, um sie zu finden und zu hüten.

AKTION 18.1

Vielleicht haben Sie jetzt diese Aktion erwartet: „Durchforsten Sie Ihre Adressliste nach Personen und Unternehmen, mit denen Sie *netzwerken* können". Das ist im Prinzip vernünftig, aber: Wie Sie oben das Wort „Kontakt" durch „Mensch" ersetzt haben, beginnen Sie nun damit, das Wort „netzwerken" aus Ihrem Wortschatz zu löschen. Niemand will netzwerken. Keiner will Synergien schaffen, und ganz sicher niemand strategische Allianzen knüpfen, um Win-win-Kontexte zu generieren. Heiße Luft hilft nicht, Nuggets zu entdecken.

Die erste Aktion des Tages ist also: Durchforsten Sie Ihre Adressliste nach Menschen, denen Sie etwas geben können, damit diese ihr Geschäft besser zu machen vermögen. Zuvor sammeln Sie alle (alle!) herumliegenden Visitenkarten ein und erfassen sie digital, so dass Sie am Ende genau eine Liste haben, die digital und damit jederzeit suchbar vorliegt.

Führen Sie Buch: Wen kennen Sie? Was könnten die Wünsche und Bedürfnisse dieser Menschen sein? Pflegen Sie Ihre Adressliste, indem sie Adressen zu Menschen machen. Fügen Sie zu jeder Adresse ein Foto hinzu und fragen sich: Wer ist dieser Mensch? Was will er? Was braucht er?

AKTION 18.2

Wenn Sie Ihre Adressliste einmal aufpoliert haben, zücken Sie den größten Radiergummi, den Sie finden können. Löschen Sie jeden Eintrag eines Menschen, bei dem Sie nicht zu mindestens 90 Prozent sicher sind, dass Sie mit ihm in Verbindung bleiben wollen.

Vermutlich finden Sie Herrn Meier, der Ihnen auf der Messe vor drei Jahren einmal einen Kaffee ausgegeben hat, oder die Visitenkarte von Frau Müller, die in einem Seminar einmal etwas Nettes gesagt hat, oder Visitenkarten von Leuten, an die Sie sich partout nicht erinnern können. Seitdem noch von ihnen gehört? Nein? Schneiden sie alte Äste ab. Neue wachsen andauernd nach.

AKTION 18.3

Werden Sie ab heute zum Goldsucher: Begegnen Sie jedem gleichermaßen hilfsbereit, freundlich und offen und halten Sie sich beim Geben nicht zurück. Der Rest ergibt sich dann – fast – von selbst. Je mehr Sie „Kontakte" als Menschen begreifen und je mehr Sie ihnen ehrlich und offen geben, umso schneller wächst der Fundus, aus dem Sie echte Nuggets schöpfen können.

Tag 19 | Eine Website an einem Tag

Am Ende dieses Tages ... ist Ihre erste Website online.

Guten Morgen! — Ich hoffe, es ist ein Morgen, denn heute haben wir viel vor. Etwa eine Stunde nachdem Sie diesen Satz gelesen haben werden, beginnen wir mit dem ersten Wort Ihrer eigenen Website, und wenn Sie wollen, ist sie heute Abend online.

Sie bekommen hier also alles umsonst, was Sie bei der Online-Agentur um die Ecke für zehntausend Euro kaufen könnten? Nun ja, fast. An einem Tag kann niemand eine strategisch saubere, bis auf das letzte Komma redigierte, recherchierte und hochglanzpolierte Website erstellen; Sie würden ja auch keinen Porsche an einem Tag bauen können, selbst nicht mit der besten Anleitung. Eine Seifenkiste schaffen Sie aber in dieser Zeit sehr wohl, und *eine* Seifenkiste ist um Größenordnungen besser als *keine* Seifenkiste. Und bevor Sie, wie viele Gründer, wochen-, monate- oder gar jahrelang auf „den richtigen Moment" warten, um „endlich online zu gehen", machen wir diesen wichtigen Schritt am besten hier und jetzt und sofort.

Ein wichtiger Hinweis, bevor wir beginnen: Eine Website ist mit gewissen rechtlichen Risiken verbunden, und es ist *immer* empfehlenswert, eine Website vom Rechtsanwalt Ihres Vertrauens überprüfen zu lassen. Dies gilt umso mehr, wenn Sie sich an der Grenze zwischen Coaching und Therapie herumtreiben, was die meisten Coaches wissentlich oder unwissentlich tun, und vor allem dann, wenn Sie einen Online-Shop eröffnen wollen.

> **AKTION 19.1: VORBEREITUNG**
>
> Sammeln Sie alle nötigen Informationen an einem Ort. Wenn Sie das Buch von Tag 1 beginnend durchgearbeitet haben, dann haben Sie ein Wiki oder eine andersartig sortierte Ablage, in der Sie die Ergebnisse aller bisherigen Tage nachlesen können.
>
> Sie benötigen vor allem:
>
> - Die Beschreibung des idealen Klienten (Tag 1)
> - Ihre Positionierung (Tag 3)
> - Ihre Gedanken oder Skizzen zu Corporate Design und Corporate Identity (Tag 10)
> - Die drei „Hunger"-Szenarien (Tag 13)
> - Ihre Praline (Tag 16)
>
> Eine frisch gefüllte Kaffeemaschine könnte auch hilfreich sein, denn wir haben heute viel vor. Überfliegen Sie diese Informationen jetzt, und nehmen Sie, wenn nötig und sinnvoll,

noch schnelle Löschungen vor, immer mit dem einen Ziel vor Augen: so einfach und kurz wie möglich. (Und nicht: so perfekt wie möglich. Denn perfekt ist, das erkannten Sie am Tag 7, langweilig und unmöglich.)

AKTION 19.2: DIE EIGENE DOMAIN

In der Web-Sprache ist eine „Domain", z. B. junfermann.de oder vomcoachzumunternehmer.de, nichts anderes die Hausnummer, die einen bestimmten Server im Internet (ziemlich) eindeutig identifiziert. So weiß Ihr Computer, bei welchem anderen Computer im Internet er anklopfen muss, wenn Sie eine Adresse eintippen.

Ideal ist eine Domain, die …

- möglichst gut zu Ihnen und Ihrem Angebot passt,
- angenehm klingt,
- gut einprägsam ist und
- weder bereits vergeben noch namens- oder markenrechtlich oder anderweitig geschützt ist.

Über den Namen für Ihr Unternehmen haben Sie bereits an Tag 15 nachgedacht. Verwenden Sie diesen Namen als Ausgangspunkt für die Suche nach der Domain, und wählen als *Topleveldomain* das Kürzel für das Land, in dem Sie hauptsächlich arbeiten, also .de, .at, .ch und so weiter.

Prüfen Sie, ob Ihre Lieblingsdomain frei ist. Viele Dienste bieten eine Verfügbarkeits-Prüfung von Domains an, im Anhang finden Sie eine Auswahl. Falls sie bereits in allen möglichen Kombinationen belegt ist, bleibt nur, den Namen so lange zu variieren, bis möglichst viele der obigen Anforderungen erfüllt sind. Versuchen Sie sich binnen einer Stunde zumindest für *irgend*eine Domain entscheiden.

Bevor Sie die Domain registrieren lassen, prüfen Sie bitte Ihren Domainnamen bei den für Ihr Land gültigen Markenregistern (Adressen im Anhang bei Tag 15). Eine eigene, nicht-anwaltliche Prüfung gibt zwar noch keine rechtliche Sicherheit (die, nebenbei bemerkt, sowieso eine Illusion ist), aber so können Sie zumindest den größten Stolpersteinen aus dem Weg gehen. Dass Sie mit einer Domain wie coca-cola-coaching.com vermutlich Probleme bekommen könnten, liegt auf der Hand, doch auch unscheinbare Wörtchen können markenrechtlich geschützt sein. Sobald Sie dann auf größerem Fuß unterwegs sind, schalten Sie auf jeden Fall einen Anwalt ein, der dann auch in Haftung gehen kann, falls sich später herausstellt, dass er nicht richtig beraten hat.

Wenn Sie eine Domain gewählt haben und sich hinreichend sicher sind, dass Sie mit der Registrierung niemand anderem auf die Füße treten, dann wählen Sie sich einen Domain-Anbieter und lassen die Domain registrieren. Der erste Schritt ist geschafft!

AKTION 19.3: EIN EFFEKTIVES CMS

Auf dem Markt tummeln sich Tausende von Content-Management-Systemen (CMS). *Content Management* bedeutet wörtlich übersetzt schlicht Verwaltung von Inhalten, wobei die Bedeutung von „Inhalt" weit gefasst ist: Texte, Bilder, Videos und viele andere Inhaltstypen sind die Bausteine einer Website, und die Aufgabe eines CMS ist, diese möglichst einfach und übersichtlich zu verwalten. Metaphorisch: Die Domain ist die Adresse der Bibliothek, das CMS der Bibliothekar, und der Content der Website sind die Bücher.

Selbst Experten benötigen häufig Stunden oder Tage der Recherche, um zu entscheiden, welches der vielen CMSe am besten zu einem Projekt passt. Für heute machen wir es uns einfach. Ich empfehle Ihnen, Ihre erste Website mit Tumblr zu erzeugen, einem wunderbar einfachen und vielseitigen Dienst, der alles bietet, was Sie für die nächsten Monate benötigen, und zwar ohne Sie mit unnötigem Fachchinesisch zu überlasten. Nehmen Sie also Ihren Browser zur Hand und gehen zu tumblr.com.

Registrieren Sie sich mit Ihrer Domain gefolgt von .tumblr.com. Beispiel: burnoutcoach-mueller.tumblr.com. Wenn Sie in Aktion 19.1 eine eigene Domain gekauft haben, tragen Sie sie bitte noch nicht bei Tumblr ein, dieser Schritt folgt erst am Ende des Tages.

Die Bedienung von Tumblr ist überaus intuitiv. Bei Unklarheiten ziehen Sie bitte die dortigen Bedienungsanleitungen zu Rate. Ich kann Ihnen hier natürlich keine genauen Bedienungsschritte nennen, denn sie wären bei Drucklegung dieses Buchs sicher schon veraltet.

AKTION 19.4: LAYOUT

Wählen Sie eines der vorgefertigen Layouts, um Ihre Website so weit wie möglich an Ihr Wunsch-Design anzupassen. Die Auswahl an Layouts bei Tumblr ist groß. Einige sind kostenpflichtig, viele gratis. Die Wahrscheinlichkeit ist hoch, dass keines der Layouts ideal zu Ihrem Wunsch-CD passt. Das ist aber nicht schlimm, denn Layout und Farben sind heute nicht wichtig. Entscheiden Sie sich für eines, mit dem Sie zufrieden genug sind.

Wenn es Ihr Budget zulässt, können Sie ein eigenes Tumblr-Layout erstellen lassen. Dieselben Portale, die im Anhang an Tag 17 genannt sind, beherbergen Anbieter, die das leisten können. Das Layout ist jedoch absolut zweitrangig, brechen Sie die heutige Arbeit auf keinen Fall nur deshalb ab, weil Ihnen keines der Standardlayouts gefällt. Nehmen Sie das bestmögliche und schieben eventuelle Anpassungswünsche auf die Zeit nach diesem Buch.

AKTION 19.5: STRUKTUR

Dies ist die einfache Struktur Ihrer Eintages-Website:

- Eine Startseite („Frontpage" oder „Homepage"),
- eine Seite mit den neuesten Blog-Beiträgen (mehr hierzu lesen Sie weiter unten),
- eine verkaufsfördernde Info-Seite („Landing Page") für Ihre Praline,
- Informationen über Angebot und Anbieter,
- eine Seite mit Kontaktinformationen sowie
- Impressum und Datenschutzerklärung.

Die meisten Tumblr-Layouts nutzen die Frontpage standardmäßig, um die neuesten Blog-Einträge darzustellen, deshalb verschmelzen die beiden ersten Listenpunkte meist zu einem.

AKTION 19.6: DIE LANDING PAGE

Eine *Landing Page* ist die Seite einer Website, auf der Ihre potenziellen Kunden „landen", wenn sie durch eine Suchanfrage bei Google, einen Klick auf eine Anzeige, die Adresse auf Ihrer Visitenkarte oder über eine andere Quelle zu Ihrer Website gelangen. Ideal ist für jedes Produkt, das Sie im Angebot haben, eine einzelne Landing Page anzulegen. Der Markt bietet Dutzende Bücher und Hunderte Agenturen, die sich ausschließlich mit der Kunst guter Landing Pages beschäftigen, deshalb beschränken wir uns heute vorerst auf genau eine solche Seite für genau ein Produkt – eine Ihrer Pralinen – und genau eine Zielgruppe.

Die simple Struktur Ihrer Landing Page wird in etwa so aussehen:

- Zunächst greifen Sie die Situation des Besuchers kurz auf,
- dann zeigen Sie die Vorteile Ihrer Praline auf und
- bieten eine Möglichkeit, die Praline herunterzuladen oder zu bestellen.

Wählen Sie aus den drei „Hunger"-Typen (Tag 13) denjenigen aus, den Sie am liebsten ansprechen möchten, also den, der Ihrem Idealklienten (Tag 1) am nächsten kommt. Wählen Sie dann die Praline (Tag 16), die Sie ihm anbieten wollen. Dies sind alle Informationen, die für die Landing Page nötig sind.

Legen Sie in Tumblr eine neue Seite an und nennen Sie sie wie den Titel Ihrer Praline. Dann fügen Sie die Inhalte hinzu, und zwar so:

- Stellen Sie sich vor, Ihr potenzieller, hungriger Kunde sitzt Ihnen gegenüber, erzählt von seinem Leid. Was sagt er? Welche Wörter benutzt er, wenn er von seinem Problem erzählt? Hören Sie genau hin und schreiben es direkt auf die gerade angelegte Seite.

- Wenn er ausgesprochen hat, erklären Sie ihm die Vorteile der Praline, die Sie für ihn vorbereitet haben. Welche Ziele kann er damit erreichen, wie kann sie ihm in seiner Situation helfen und ihn sättigen? Was sagen Sie, um ihm die Praline schmackhaft zu machen? Tippen Sie den Text auf die leere Seite; Satz für Satz, Wort für Wort. Wenn es hilft, schauen Sie durch den Bildschirm hindurch und visualisieren Ihren Kunden. Wenn die Worte nicht so recht fließen wollen, unterhalten Sie sich laut mit ihm und tippen dann einfach die Wörter ein, die Sie gesagt haben. Vielleicht tippen Sie auch den kompletten Dialog oder beschränken sich auf wenige, dafür umso schlagkräftigere Slogans?
- Legen Sie nun noch eine neue Seite für Ihre Praline an und kopieren Sie sie – wenn Ihre Praline ein einfacher Text ist – dorthin, erzeugen aber keinen Menüpunkt dafür. (Wie genau das geht, steht in der Tumblr-Anleitung.) Wenn Sie sich für ein Video entschieden haben, laden Sie das Video zum Beispiel bei vimeo oder YouTube hoch und binden es auf der Pralinen-Seite ein. Bei anderen Dateitypen (z. B. PDF) können Sie die Pralinen-Datei einfach auf Ihre DropBox kopieren und den öffentlichen Link in die Landing Page einfügen.

Übrigens sind lange und sogar sehr lange Seiten (d. h. Seiten, bei denen der Leser häufig nach unten scrollen muss) nachgewiesermaßen deutlich effektiver als kurze. Schränken Sie sich beim Schreiben also nicht ein!

AKTION 19.7: ANGEBOT UND ANBIETER

Legen Sie eine weitere Seite an und beschreiben Sie möglichst sachlich und authentisch Ihre Angebote. Der Titel sollte nicht zu extravagant sein, „Meine Angebote" ist durchaus in Ordnung. Orientieren Sie sich an den Ergebnissen von Tag 3 und halten Sie sich auch hier immer Ihren Idealklienten vor dem inneren Auge, damit die Wortwahl passt: Einen von Prüfungs-Stress geplagten Studenten würden Sie anders ansprechen als den schon oft zitierten Burnout-Kandidaten.

AKTION 19.8: KONTAKT

Je nach Ihren Vorlieben und Ressourcen geben Sie auf der neu anzulegenden „Kontakt"-Seite den Kontaktweg an, den Sie bevorzugen, mindestens eine E-Mail-Adresse sollte vorhanden sein. Zudem ist eine Adresse nützlich, jedoch nicht unbedingt notwendig, denn schließlich wollen Sie ja, dass der Erstkontakt schnell vonstatten gehen kann.

AKTION 19.9: RECHTLICHES

Die für heute letzte Seite enthält einige Pflicht-Texte. Für Websites in Deutschland zum Beispiel ist ein Impressum verpflichtend, in der Schweiz seit 2012 ebenfalls. Bitte informieren Sie sich über die Regelung in Ihrem Land und fragen Sie im Zweifelsfall Ihren Anwalt.

Im Anhang finden Sie zudem einen Link zu einem Impressum-Generator, der die wichtigsten Bausteine erzeugen kann. Legen Sie eine neue Seite an (wie, das sehen Sie in der Anleitung bei Tumblr) und tragen Sie dort das Impressum ein, das der Generator ausgeworfen hat.

Ob eine Datenschutzerklärung für Ihre Website nötig ist, hängt von vielen Faktoren ab. Eine Faustregel ist: Solange Sie auf Ihrer Site keine personenbezogenen Daten erheben, benötigen Sie keine Datenschutzerklärung. Auch hierzu finden Sie weiterführende Informationen im Anhang.

AKTION 19.10: BLOG

An Tag 22 kümmern wir uns um Ihr Blog; stören Sie sich also noch nicht dran, dass das Blog auf Ihrer neuen Website noch leer ist. Fügen Sie einfach einen einzigen neuen Blog-Eintrag hinzu, in dem Sie auf die neue Website verweisen … und gegebenenfalls vorbeischauenden hungrigen Kunden die Praline unter die Nase halten und sie bewegen, sich auf die Landing Page durchzuklicken.

AKTION 19.11: LIVE!

Wenn Sie mit den Inhalten zufrieden sind – zu 80 Prozent „okay" genügt! –, können Sie Ihre Site endlich live schalten. Tragen Sie Ihre heute früh registrierte Domain in den Voreinstellungen Ihres Tumblr-Profils ein, und rund 24 Stunden später ist die Website mit dieser Domain erreichbar. Herzlichen Glückwunsch, Ihr Angebot ist online!

Tag 20 | Schwärme und Ströme

> **Am Ende dieses Tages ... wissen Sie, was Social Marketing wirklich bedeutet.**

Vor einigen Jahren gab es eine wunderbare Parodie auf die damals neue Social-Media-Landschaft, in der ein prototypischer *Hipster* jeden, der ihm auf der Straße begegnete, ansprach, ob er nicht sein Freund werden wolle. Ist ja inzwischen ganz einfach, nur ein Klick und schon haben Sie einen Freund mehr, nicht wahr? Und je mehr Freunde, desto mehr mögliche Kunden, und je mehr mögliche Kunden, desto mehr echte Kunden, und ... die Gleichung scheint einfach zu sein.

So einfach, dass es schon lange Anbieter gibt, bei denen man Facebook-Kontakte und Twitter-Follower gleich im Zehntausenderpack kaufen kann, der süßen Illusion erlegen, dass ein Mehr an Kontakten automatisch ein Mehr an Kunden bedeutet.

Soziale Netze gibt es natürlich seit Urzeiten. Schon immer haben sich Menschen zusammengefunden, um sich zu unterstützen und Erfahrungen zu teilen. Das „Teilen" in online-Netzwerken ist nichts anderes als das Weiterreichen von Zettelchen unter der Schulbank, und so gibt es für fast jede Aktion bei Facebook und Co eine Entsprechung in der Geschichte, die einfach auf das Medium World Wide Web übertragen wurde.

Eines jedoch ist anders: Die wohl größte Errungenschaft des World Wide Web ist, dass jeder Mensch (der mit dem WWW verbunden ist) von jedem anderen nur genau einen Klick entfernt ist. Niemals zuvor in der Geschichte der Menschheit war es so einfach wie heutzutage, in Kontakt zu kommen; das Verdienst des Internet für die Gesellschaft ist enorm und in seiner Tragweite vermutlich erst in vielen Jahren fassbar. Nationale und gesellschaftliche Grenzen verschwimmen mehr und mehr, und Menschen finden leichter denn je zueinander. Das Internet ist der große Gleichmacher.

Also doch: Ein Profil bei Facebook erstellen, sich Tausend „Freunde" kaufen, und schon ist das Auftragsbuch voll? Dass das so nicht funktioniert, liegt auf der Hand. Ein Beispiel aus der jüngsten Vergangenheit illustriert dies: Die Initiative zu einer merkwürdigen Demonstration für die Rehabilitation des Doktortitel-Erschleichers Guttenberg konnte viele Tausend „Fans" sammeln, und doch erschien am Tag der Demo nur ein kleines Grüppchen, und die hinzugezogene Hundertschaft der Polizei war verdutzt.

Die Anzahl der Fans, Freunde, Kontakte ist also nicht maßgeblich, sondern ihr Engagement: 100 Menschen, die sich engagieren, sind ein Vielfaches mehr wert als 10.000 eingekaufte Kontakte, die sich lediglich zu einem Klick aufraffen.

Um im Social Marketing erfolgreich sein zu können, empfehle ich diese Maxime:

- Stärken Sie mit Ihrem Angebot genau das, was die Personen in Ihrem Netzwerk eint,
- so dass jede Person profitiert und
- das Netzwerk als Ganzes etwas davon hat.

Auf diese Art ergibt sich der Zusammenhalt Ihres Netzwerks fast von allein. Zudem sprengt diese Maxime die oft zitierte *Dunbar-Zahl*: die theoretische Obergrenze jener Menschen, mit denen ein Einzelner sozial verbunden sein kann, bevor er den Überblick verliert. Beim Fischen nach Kontakten und dem Aufbau eines Online-Netzwerks ist der Gruppengröße keine Grenze gesetzt, wenn Sie ...

- sich beim Angeln nur in jenen Gewässern aufhalten, die Sie selbst angenehm und überschaubar finden,
- daran denken, dass der Köder auch dem Fisch schmecken sollte, und
- geduldig immer wieder das Netz auswerfen – Fischen mit Dynamit ist schon lange nicht mehr en vogue.

AKTION 20.1

Finden sie ein Online-Netzwerk, in dem Sie sich wohlfühlen. „Wohlfühlen" bedeutet, wie bei allen anderen Partys, Veranstaltungen oder Gesellschaften auch: wenn Ihnen die Menschen gefallen, die Art, wie sie miteinander umgehen, und wenn Sie den Eindruck haben, dass viele dabei sind, für die *Sie sich* interessieren. Wohlgemerkt: Menschen, für deren Anliegen Sie sich interessieren, nicht umgekehrt: Denn um langfristig von einem Online-Netzwerk zu profitieren, sollten zunächst *Sie* alles geben, was Sie können, genau wie auch im „echten Leben".

Also: Stellen Sie sich aus der Vielzahl der Netzwerke eine Liste von ca. acht zusammen, die interessant erscheinen, und beginnen Sie heute damit, sich dort als stiller Zuhörer aufzuhalten. Wenn Sie in allen interessanten Netzen gut einen Monat zugehört, mitgelesen und beobachtet haben, können Sie langsam damit beginnen, sich aktiv zu beteiligen: indem Sie, Schritt für Schritt, geben.

Falls Sie bereits in einem oder mehreren Netzen aktiv sind, nutzen Sie den heutigen Tag, um sich zu fokussieren. Man kann nicht auf zwei Hochzeiten gleichzeitig tanzen, sehr wohl jedoch auf zwei oder mehr Online-Netzwerken, aber spätestens ab dem dritten wird es schnell schwierig, eine Rumba von einer Samba zu unterscheiden. Fokussieren Sie auf maximal zwei. (Es sei denn, Sie lagern die Netzwerk-Pflege an eine Agentur aus, siehe Tag 28.)

AKTION 20.2

Vielleicht haben viele Leser schon bei Aktion 20.1 genervt oder gar angeekelt auf Tag 21 umgeblättert: „Wie bitte? Was soll ich denn da erzählen? Wann ich zuletzt aufm Klo war oder was? Wen interessiert das denn?" Spätestens seit Plattformen wie Facebook und Twitter im Mainstream gelandet sind, fragen sich viele: „Na, was soll ich denn erzählen?" und brillieren mit einer Mischung ihrer letzten Reiseerfahrungen, versetzt mit Bemerkungen über die Tagespolitik, das Kantinen-Essen von letzter Woche und die darauf folgenden Verdauungsprobleme.

Um Social Networking professionell zu betreiben, müssen Sie Ihre Beiträge natürlich filtern. Nicht das Ausbreiten jedes Details Ihres Lebens und Ihrer Persönlichkeit, sondern das Erschaffen einer *Persona* ist das Ziel: Filtern Sie aus Ihrer Persönlichkeit jene Facetten heraus, die Sie wirklich öffentlich machen wollen, und beginnen mit einer Facette.

Ein Beispiel: Wenn Ihnen in Ihrem Beruf die Präzision sehr am Herzen liegt, polieren Sie Ihre Persona so auf, dass sie das Tagesgeschehen im Hinblick auf diese eine Facette der Persönlichkeit kommentiert. Wenn Sie unterwegs sind und ein Beispiel höchster Präzision sehen, das Ihr Herz berührt, machen Sie ein Foto und posten es kommentiert. Alles andere darf privat bleiben.

AKTION 20.3

Bleiben Sie dran. Reservieren Sie täglich ein wenig Zeit dafür, Ihr Netzwerk zu unterhalten. Suchen Sie nach Anknüpfungspunkten. Seien Sie hilfsbereit, freundlich, lustig, bedächtig, was auch immer Ihrer Person – und Persona – entspricht.

Der Zeitrahmen ist flexibel: Je nach Ihrer Zielgruppe ist ein Aufwand zwischen einer Viertelstunde und eineinhalb Stunden pro Tag angemessen; wenn nach einiger Zeit die Teilnahme an Social Networking zu einem normalen Bestandteil des Tages wird, fällt der Aufwand kaum noch ins Gewicht.

Denken Sie immer daran: Hinter jedem Profil (solange es echt ist) sitzt ein Mensch. Behandeln Sie ihn immer so, als würde er Ihnen gegenüber sitzen. Dazu gehört vor allem auch, dass Sie nicht jedem Menschen, den sie neu kennenlernen, Ihr Angebot um die Ohren schlagen.

Tag 21 | Suchmaschinen

Am Ende dieses Tages ... wissen Sie, wie Google „tickt".

Laut tönt es aus den Megafonen der Agenturen: „Wir bringen ihre Website auf Platz 1 bei Google! Garantiert!*" Klingt gut, aber ... sehen Sie das Sternchen? Dahinter verbirgt sich das Kleingedruckte: Was genau dieses Versprechen umfasst und was nicht, ist vielen Website-Betreibern nicht klar. Heute geht es um Google und Kollegen, und darum, wie Sie es schaffen, Ihr Angebot nach oben zu bringen.

Ah ja, wenn ich hier von Google schreibe, sind natürlich alle anderen Anbieter von Web-Suchmaschinen ebenso gemeint, wobei die wohlverdiente Marktmacht von Google dazu geführt hat, dass die Anzahl und Bedeutung der Anderen verschwindend gering ist. Glücklicherweise sind die Regeln, die Sie heute lernen, für alle Anbieter identisch.

Eine Suchmaschine ist im Grunde ein unfassbar großer Zettelkasten, der viele – jedoch bei weitem nicht alle – jener Daten beinhaltet, die im WWW und anderen Teilen des Internet abrufbar sind. Wenn ein Nutzer bei einem solchen Suchanbieter nach „goldfischfutter" sucht, stöbert die dortige Software ihren Zettelkasten durch und sammelt alle Fundstellen, bei denen das Suchwort vorkommt.

Weil es für eine Suchanfrage typischerweise mehr als eine einzige Fundstelle gibt, muss die Liste sortiert werden: Die besten Treffer müssen am Anfang der Liste stehen, alle weiteren in absteigender Wichtigkeit darunter. Eine Website für bestimmte Suchanfragen „hochzugoogeln" bedeutet also nichts anderes als sie so aufzubereiten, dass sie von den Suchmaschinen als möglichst wichtig eingestuft wird.

Eine Website, die Google in Bezug auf eine Suchanfrage für relevant hält, wird weit oben plaziert, und je weiter oben sie steht, umso mehr Klicks zieht sie an. Nicht umsonst beschäftigt SEO (engl. *Search Engine Optimization*, Suchmaschinenoptimierung) Tausende von Agenturen weltweit, denn die Platzierung kann leicht über Erfolg oder Misserfolg eines Unternehmens entscheiden.

Wie genau eine Website nach oben kommt, ist schnell erläutert: Das erklärte Ziel einer Suchmaschine ist es, ihren Nutzern möglichst relevante Ergebnisse zu präsentieren. Wer nach „goldfischfutter bestellen" sucht, sollte aus dem Blickwinkel der Suchmaschine hauptsächlich Websites von Händlern finden, die Goldfischfutter liefern, wobei der, der nach „goldfischfutter selbst machen" sucht, vermutlich nicht an Händler-Websites interessiert ist. Die genauen Algorithmen, mit denen die Suchmaschinen arbeiten, sind natürlich geheim, insofern ist Google eine große *Black box*, deren Innereien man sich nur durch Beobachten erschließen kann.

Von den Dutzenden Mechanismen, die vermutlich über die Positionierung einer Fundstelle in der Ergebnisliste entscheiden, sind nach vorherrschender Meinung diese drei die wichtigsten:

- Ist der Suchbegriff auf der Website vertreten? Wenn ja, nur im Inhalt oder zusätzlich in Überschrift oder URL?
- Wie viele andere Websites verlinken auf die gefundenen Seiten, und wie hoch ist deren Relevanz?
- Wie neu sind die Inhalte?

Ein Beispiel: Ein Nutzer sucht nach „burnout-coaching hamburg". Eine Website X wird umso höher gelistet,

- je häufiger (jedoch nicht *zu* häufig) die Wörter „burnout", „coaching" und „hamburg" auftauchen (und je näher beisammen sie platziert sind),
- je mehr andere, möglichst ihrerseits gut positionierte, Websites auf Website X verlinken,
- je frischer die Inhalte der Website X sind und
- je einzigartiger diese sind.

Die goldene Regel der Suchmaschinenoptimierung lautet also einfach:

Sorgen Sie dafür, dass Sie auf Ihrer Website immer einzigartige aktuelle Inhalte publizieren, die Ihre Kunden interessieren.

Suchmaschinenoptimierung ist ein Katz-und-Maus-Spiel. Immer wieder finden Bastler Tricks, mit denen sie Websites schnell nach oben drücken können ... und kurz danach passen die Suchmaschinenhersteller ihre Algorithmen an, um diese „black hat"-Methoden unwirksam zu machen. Vergessen Sie die Tricksereien und widerstehen leeren Versprechungen, mit denen eine schnelle Nummer-1-Platzierung möglich sein soll.

Wenden Sie stattdessen die obige Regel langfristig konsequent an, die übrigens auch die wichtigste Regel ist, die Google selbst immer wieder betont, und Ihre Website kann eine gute bis sehr gute Platzierung erhalten, die langfristig stabil bleibt.

AKTION 21.1

Aktion 21.1

Die einfachste Art, regelmäßig Inhalte zu publizieren, bietet ein Blog, neudeutsch für Weblog, was wiederum abgeleitet ist aus „Web-Logbuch", also im Grunde nichts anderes als ein im Web publizierte Folge von Inhalten. Ich empfehle, dass Sie sich für die kommenden drei Monate drei Ziele setzen:

- Das Themen-Ziel bestimmt, zu welchen Themenbereichen Sie Inhalte publizieren,
- das Frequenz-Ziel gibt an, wie häufig die Inhalte erscheinen, und
- mit dem Mengen-Ziel legen Sie fest, wie umfangreich die Artikel sind.

Ein Beispiel: Herr Müller ist Burnout-Coach und weiß, dass Burnout und Depression oft identisch sind – bis auf den Namen. Dies darf er natürlich nicht offen kommunizieren, weil er als Nicht-Therapeut dann zu weit in die Grauzone zwischen Coaching und Therapie rücken würde. Dennoch möchte er, dass potenzielle Kunden, die im Themenbereich Depression suchen, auch auf sein Angebot aufmerksam werden und dann vielleicht herausfinden, dass der Gang zum Therapeuten vermieden werden kann – vielleicht schon durch das Handeln nach einigen Anweisungen seiner Praline.

- Themen-Ziel: Herr Müller setzt sich als eines seiner Ziele, Pressebeiträge zum Thema Depression in seinem Blog aufzugreifen und zu kommentieren – aus der Sicht eines Coaches. So bekommt er das sicherlich für viele Google-Suchen relevante Schlagwort „Depression" elegant unter, ohne sich rechtlich auf dünnes Eis zu begeben.
- Frequenz-Ziel: Er nimmt sich vor, mindestens drei Beiträge pro Woche zu publizieren, ideal einen zu jedem seiner Themenbereiche, und rechnet in seiner Planung eine halbe Stunde Zeitbudget je Beitrag ein.
- Mengen-Ziel: Der Burnout-Markt ist heiß umkämpft, und so plant Herr Müller, mit einer durchschnittlichen Artikellänge von 500 Wörtern zu beginnen und zu testen, ob er den etablierten Websites damit Paroli bieten kann.

Nach drei Monaten sind, wenn er alle seine Ziele erreicht, mindestens 36 hoch fokussierte Artikel entstanden: immerhin mindestens 18.000 Wörter und somit vermutlich genügend, um einen ersten Eindruck im Web zu hinterlassen. Diesen Eindruck messen Sie am besten, indem Sie *vor* der Ausführung Ihres Plans notieren, auf welchen Positionen Google Ihre Website bei den für Sie wichtigen Suchbegriffen positioniert.

Beginnen Sie vorerst mit einem Themen-Ziel. Später werden Sie, wenn Ihnen die Google-Positionierung wirklich wichtig ist, über viele Themengebiete schreiben, doch zu Beginn sollten Sie sich nicht überanstrengen.

Die hier erwähnten Inhalte können natürlich in allen möglichen Medien abgebildet sein: Text, Bild, Video, Audio und so weiter. Fokussieren Sie auf das Medium, das Ihnen am nächsten liegt, bedenken Sie jedoch, dass nicht jeder Ihrer potenziellen Kunden dieselben Medien bevorzugt. Ein bisschen Abwechslung kann also nicht schaden. Wenn Sie Video-

oder Audio-Beiträge publizieren, denken Sie daran, sie zu transkribieren, denn Google braucht Text. (Dies lässt sich, genau wie die Texterstellung selbst, im gewissen Rahmen auslagern, mehr dazu an Tag 30.)

AKTION 21.2

Schreiben Sie den ersten Artikel, und zwar jetzt! 500 Wörter genügen; wenn Sie diese Größenordnung beibehalten, kommen Sie schnell auf einen grünen Zweig.

Idealerweise schreiben Sie die Artikel für die ersten zwei Wochen bereits im Voraus (und nutzen die Funktion Ihres CMS, sie an einem festgelegten Datum publizieren zu lassen), doch auch wenn es heute „nur" der erste Artikel wird, sind Sie gut im Rennen.

Tag 22 | Viel Marketing für wenig Geld

Am Ende dieses Tages ... brauchen Sie (vorerst) keine Marketingagentur mehr.

Wieso schreiben die großen Marketing-Experten wie Seth Godin oder Guy Kawasaki Bücher am laufenden Band und geben ihre Geheimnisse preis? Weil sie wissen, dass der Markt unerschöpflich ist und die Leser hungrig sind nach immer neuen Methoden, ihre besten Produkte an die besten Kunden zu verkaufen. Dabei entsteht bisweilen der Eindruck, es sei unvermeidlich eine Marketingagentur zu beauftragen, um auf einen grünen Zweig zu kommen. Das ist jedoch mitnichten der Fall: Selbst mit einfachen Mitteln kommen Sie allein auf einen grünen Zweig und mit genug Geduld sogar einen grünen Ast.

Von den Hunderten der möglichen Ansätze reißen wir heute vier an, und ich empfehle Ihnen sehr, den Tag zu nutzen, um mindestens einen davon umzusetzen.

AKTION 22.1

Schon gestern, als es um Suchmaschinen ging, lernten Sie, was *Content Marketing* bedeutet: schlicht und einfach, Ihren Kunden jene Inhalte zu bieten, die sie interessieren. Falls nicht schon gestern geschehen, schreiben Sie einen Plan für die Inhalte und Themen der kommenden sechs, besser noch zwölf Monate und setzen sich klare Ziele, wann Sie was wo publizieren. Eine Artikelreihe mit 12 Folgen zum Beispiel ist schnell geplant, und konsequent ausgeführt kann sie viele potenzielle Kunden anlocken.

Für den Erfolg im Content-Marketing gibt es kein Geheimnis, nur drei Tugenden: Konsequenz, Ausdauer und Geduld. Bis sich echte, messbare Erfolge einstellen, können Wochen, Monate oder gar Jahre vergehen, doch wenn Ihr Herz an Ihrem Unternehmen hängt (und das sollte es), dann kommen diese Tugenden automatisch, und die Inhalte fließen ins Web wie Butter ins warme Toastbrot.

AKTION 22.2

Wie viele Werbebriefe erhalten Sie pro Woche, und wie viel Newsletter landen jede Woche in Ihrem E-Mail-Briefkasten? Vermutlich viele. Wie viele davon lesen Sie? Und von dieser vermutlich kleinen Zahl: Welche lesen Sie gern? Vielleicht bleiben nur zwei oder drei übrig: Welcher von diesen bringt Sie – persönlich oder beruflich – wirklich weiter?

Falls am Ende kein Newsletter übrig bleibt, abonnieren Sie probeweise ein Dutzend und suchen so lange, bis Sie einen finden, der Sie wirklich begeistert. Dieser soll die Inspiration sein für Ihren eigenen Newsletter, damit Sie aus der wogenden Newsletter-Masse herausstechen und genügend Motivation entwickeln, nicht schon nach den ersten zwei Ausgaben aufzugeben.

Damit ein Newsletter wirkt, muss er mindestens drei Hürden überwinden, ähnlich wie ein Werbebrief, den Sie an einen Personalleiter senden:

- In der Poststelle oder im Sekretariat darf der Werbebrief nicht aussortiert werden, ebenso wenig sollte der Newsletter als Spam aussortiert werden. Das ist einer der Gründe, weshalb Sie für den Versand des Newsletters immer einen darauf spezialisierten Anbieter wählen sollten.
- Schaffte es der Brief an der Sekretärin vorbei bis auf den Tisch des Personalleiters, sollte er attraktiv genug sein, dass er ihn auch öffnet. Also braucht der Newsletter, der es durch die diversen Spam-Filter-Kaskaden Ihres Zielunternehmens geschafft hat, eine Betreffzeile, die zum Öffnen anregt. Hierfür bieten die besseren der Newsletter-Anbieter automatisierbare Testverfahren an, mit denen Sie nach und nach die besten Betreffzeilen ermitteln können.
- Geschafft! Der Personalleiter hat den Newsletter geöffnet und sogar gelesen ... nun muss er etwas tun. Ab hier greifen Hunderte weitere Regeln des Direktmarketing, von denen die vermutlich wichtigste lautet: Geben Sie Ihren Kunden einen echten, nahe liegenden und einfachen Grund, möglichst sofort auf Ihren Newsletter zu reagieren, und sie werden es tun.

Schreiben Sie einen Inhaltsplan für die ersten drei oder vier Ausgaben, strukturell inspiriert von Ihrem Lieblings-Newsletter. Abonnenten finden Sie am leichtesten über Ihre Website: Bieten Sie eine Praline für das Abonnement, oder noch besser, teilen Sie eine neue Praline in 6 Teile auf, und senden Sie jeden Teil in einer einzelnen Newsletter-Ausgabe. Finden Sie dann einen Dienstleister, der Ihre Newsletter versendet (Anregungen im Anhang) und binden Sie das Abo-Formular in Ihre Website ein. Ein guter Anbieter wird Ihnen dabei sehr gern kostenlos behilflich sein, schließlich profitiert er von jedem Ihrer Abonnenten.

Ein Hinweis zum Abschluss: Für den Versand von Newslettern hält die Rechtsprechung viele Überraschungen bereit, im Anhang finden Sie hierzu wichtige Hinweise.

AKTION 22.3

Je nachdem wie Ihre Klientel gestrickt ist, genügt es vielleicht nicht, Ihr Expertenwissen im Blog und Newsletter zu publizieren, um die gewünschte Glaubwürdigkeit zu ernten. Strecken Sie also die Fühler nach Fachzeitschriften aus, die Ihre Artikel publizieren. Denken Sie neben großen Zeitschriften auch an Publikationen mit geringer Auflage, die dafür auf bestimmte Zielgruppen zugeschnitten sind. Jede Branche hat Ihre Fachblätter, deren Redakteure sich über Themen freuen.

Ähnlich verhält es sich mit E-Books. Vor allem für konservativ eingestellte Zielgruppen ist ein E-Book lange nicht so viel wert wie das „echte" gedruckte Buch eines Verlages, obgleich es im Grunde ein und dasselbe ist. Scheuen Sie sich nicht, mit einem Ihrer Themen an Verlage heranzutreten und einen Buchvertrag abzuschließen. Gibt es vielleicht schon *das* Buch, das Sie schon immer schreiben wollten? Mühen Sie sich nicht mit einer langwierigen Suche nach Agenten, sondern suchen Sie noch heute drei Verlage, in deren Programm Ihre Idee passen könnte, schreiben Sie ein erstes Exposé und rufen an!

AKTION 22.4

In einem Newsletter, Fachartikel oder Buch vermitteln Sie vor allem Ihre fachliche Expertise. Im Idealfall sind die Texte von Ihrer Persönlichkeit durchdrungen, aber keines dieser Formate bietet einen Ersatz für den persönlichen Kontakt zwischen Ihnen und Ihren Kunden. Arbeiten Sie mindestens eines Ihrer Themen – vielleicht das Ihrer ersten Praline? – zu einem Vortrag aus. Gerade für Coaches und Berater gibt es unzählige Gelegenheiten, Vorträge zu halten: Auf Fachkongressen und Messen, in Verbänden, Vereinen und Clubs, oder selbst organisiert.

Fangen Sie klein an: Vielleicht hält einer Ihrer Trainer-Kollegen Ausbildungen, deren Teilnehmer von Ihrem Thema profitieren könnten? Das ist ein guter Ausgangspunkt, um weitere Ideen zu sammeln, denn in der Fragestunde nach dem Vortrag treten oft die wirklich wichtigen Frage zutage ... die dann wiederum in Vortragsthemen umgewandelt werden können. So schleichen Sie sich nach und nach an Themen heran, die auch von anderen Veranstaltern gefragt sind.

AKTION 22.5

Die Liste der Aktionen könnte schier endlos weitergehen: Viele tausend Buchseiten wurden bereits geschrieben, und es mangelt nicht an Experten für Marketing für Coaches und Berater. Großmeister wie Seth Godin, Guy Kawasaki, Jay Levinson oder Michael Port werfen ihre Schatten weit voraus und setzen Maßstäbe, denen ich hier bei weitem nicht gerecht werden kann.

Mit den obigen vier Aktionen werden Sie jedoch für mindestens ein Jahr ausgelastet sein. Nehmen Sie, um eine Überlastung zu vermeiden, die Buchempfehlungen im Anhang erst dann in Angriff, wenn Sie entweder hoch neugierig sind oder durch Outsourcing genügend Ressourcen schaffen können, um weitere Möglichkeiten auszuschöpfen.

Tag 23 | Vom Coach zum Verkäufer ... und zurück

> **Am Ende dieses Tages ... sind Sie ein freundlicher Marktschreier.**

Die Marktschreier des Hamburger Fischmarkts sind weithin berühmt. Weil sie so laut schreien können? Weil sie jedem etwas andrehen? Weil sie viele Gratis-Zugaben drauf packen? Nein: Weil sie es verstehen, zu verkaufen und zu unterhalten. Hier noch ein Stück Lachs gratis dazu, weil Sonntag ist? Eine Packung Pasta extra, weil die Frisur der Kundin so schick ist? Oder einfach so drei Kilo Bananen geschenkt? Das Publikum wird, so der Fachjargon, eingegeigt: Der Verkäufer flirtet, scherzt, ist nicht böse, wenn jemand ablehnt, und strahlt über alle vier Backen.

Genau *das* ist Verkauf par excellence und das Idealbild, mit dem ich diesen Tag eröffnen will. Verkaufen ist weder anrüchig noch schmierig oder gar böse – und dennoch sind dies Vorurteile, die dem geschäftlichen Erfolg häufig im Wege stehen.

Um ein guter Verkäufer zu sein, bedarf es mindestens zweier Dinge: der passenden Haltung und des definierten Verkaufsprozesses. Beides ist heute Thema.

Beginnen wir mit der Persönlichkeit oder genauer: der Einstellung zum Verkauf. Sie können umso besser verkaufen,

- je mehr *Vertrauen* Sie in die eigenen Fähigkeiten, das Produkt und den Verkaufsprozess haben,
- je klarer Ihre persönliche *Haltung* zum Vertriebsprozess ist,
- je mehr *Kraft* Sie haben, auch lange Prozesse durchzuhalten, und
- je besser Sie die *Zeit* handhaben, die für diese Prozesse nötig ist.

Nun könnte ich es mir einfach machen und sagen: Wenn Sie die bisherigen 22 Tage erfolgreich gemeistert haben, können Sie jetzt ohne weiteres mit dem Verkauf loslegen. Aber schon bei Voraussetzung 1 beißt sich die Katze in den Schwanz: Wie sollten Sie das nötige Vertrauen in Ihr Angebot und damit den Verkauf desselben haben, wenn Sie es noch nie verkauft haben?

Es ist ähnlich wie beim Coaching: Nach der Ausbildung kommt irgendwann der erste „echte" Klient, und nur beim Coachen lernen Sie, ein Coach zu sein. Auch im Vertrieb werden Sie erst dann zum Verkäufer, wenn Sie beginnen zu verkaufen. Die erste Schwelle muss also – genau wie beim ersten Coaching-Klienten mit einer Portion Mut und vielleicht Schweiß genommen werden.

Falls Ihnen diese Schwelle zu hoch erscheint und Sie daran stark zweifeln, dass Sie Ihre Produkte mit Ihrer vollen Persönlichkeit und Authentizität verkaufen können, suchen Sie sich in Ihrem Netzwerk einen Coach oder Supervisor, der Ihnen helfen kann, sich von diesem Irrglauben zu befreien. Doch auch der beste Coach kann ein Mauerblümchen nicht von heute auf morgen zum Profiverkäufer „machen" – deshalb geben Sie sich Zeit, um das vielleicht notwendige Persönlichkeits-Update zu installieren.

Unabhängig von der Höhe der Einstiegsschwelle ist es sinnvoll, einen sauberen Vertriebsprozess zu entwickeln, also einen Ablauf, um einen zufällig vorbei eilenden Menschen zu Ihrem Kunden zu machen, der Sie liebend gern weiterempfiehlt. Einen von vielen möglichen Prozessen schlage ich in den Aktionen des heutigen Tages vor. Dieser Ablauf ist eine Vorlage, die Sie mit der Zeit an Ihre eigenen Bedürfnisse anpassen können.

AKTION 23.1

Stellen Sie sich vor, Sie sitzen Ihrem Idealklienten von Tag 1 gegenüber, mit einem feinen Unterschied: Er ist noch kein Klient, sondern ein Interessent. Vielleicht wurde er über eine Empfehlung auf Sie aufmerksam, vielleicht hat er Ihre Website gefunden und die Praline schon gekostet. Er kann auf viele Arten auf Sie aufmerksam geworden sein.

Schreiben Sie also eine Liste: Über welche Wege kommt ein Interessent zu Ihnen? Typischerweise steht am Ende dieser Aktion eine Liste von gut einem Dutzend Wegen. Drei Beispiele: über persönliche Empfehlung, über Klick auf eine bezahlte Anzeige, nach dem Genuss einer Ihrer Informations-Pralinen.

AKTION 23.2

Malen Sie auf ein leeres Blatt Papier ein Strichmännchen für jeden dieser möglichen Interessenten: ein Männchen für jeden der in der vorigen Aktion erdachten Wege. Es gibt also passend zu den obigen Beispielen „den Empfohlenen", „den Anzeigenklicker" und den „Pralinen-Genießer". Wählen Sie die Begriffe, die für Sie am besten passen.

Gehen Sie diese Prototypen einen nach dem anderen durch, und überlegen Sie: Wie würden Sie diesen Menschen Ihr Produkt schmackhaft machen und verkaufen? Welche Fragen stellen Sie, welche Antworten werden vermutlich kommen? Welchen Verlauf nimmt das Gespräch, und vor allem: Was genau tun Sie, um Ihr Produkt zu verkaufen? Darum geht es hauptsächlich; der Rest ist – wenn auch wichtiges – Geplänkel.

Schreiben Sie diesen Prozess in Stichworten unter das jeweilige Strichmännchen. In den kommenden Wochen und Monaten werden Sie die Prozesse verfeinern und erweitern, deshalb übertragen Sie jetzt alles in Ihre digitale Datenhaltung. Herzlichen Glückwunsch; Sie haben die ersten einfachen Schritte gemacht, Ihren Vertrieb zu strukturieren!

AKTION 23.3

Nun kommt der Kunstgriff. Bei den bisherigen prototypischen Interessenten fehlte einer: jener, der nicht aktiv Kontakt zu Ihnen aufgenommen hat. Als klassischer Vertriebstrainer würde ich nun sagen, ta-daaa, jetzt kommt das harte Brot der Kaltakquise, und 95 Prozent der Leser würde das Blut in den Adern gefrieren.

Aber es gibt keinen Grund zu erschrecken: Kaltakquise bedeutet nicht mehr, als jemanden, der Sie noch nicht kennt, als erstes in einen der Prototypen aus 23.2 zu verwandeln ... und danach den Prozess laufen zu lassen. Wenn Sie bemerken, dass sich jemand partout nicht verwandeln lassen will ... nun, dann ist er nicht der richtige Kunde für Sie. Konzentrieren Sie sich auf diejenigen, die sich von Ihnen „aufwärmen" lassen und lassen Sie die anderen ziehen.

Tag 24 | Vom Angebot zum Auftrag

> **Am Ende dieses Tages ... verführen Sie Ihre Kunden nach Strich und Faden.**

Mal ganz ehrlich: Wieso sollte jemand ausgerechnet *Sie* beauftragen? Na klar, Sie haben Ausbildungen und Wissen und Fähigkeiten und Erfahrung und eine Website und Alleinstellungsmerkmale und und und ... aber das beantwortet höchstens die Frage, warum sich jemand für Ihre Dienste interessieren könnte, noch lange nicht, wieso er Sie beauftragen soll.

Natürlich sind Entscheidungsprozesse sehr unterschiedlich, deshalb kann es auf diese Frage keine pauschale und noch weniger eine abschließende Antwort geben. Wir werden uns heute der Lösung nähern, indem wir davon ausgehen, dass sich ein Kunde bereits für Sie entschieden hat, und arbeiten uns dann Schritt für Schritt zurück.

Also, stellen Sie sich vor: Ihr Fax piept, rattert und spuckt eine Auftragsbestätigung aus. Es ist die letzte Seite Ihres Angebots, ein Formblatt mit bereits eingedruckter Absender-Adresse, und unten sehen Sie die Unterschrift Ihres neuen Kunden. Juhu, geschafft!

Einen Schritt zurück: Was, glauben Sie, dachte und fühlte der Auftraggeber in dem Moment, in dem er unterschrieb? Erleichterung? Hoffnung? Vorfreude? Verzweiflung? Welches Gefühl, welche Gedanken *wünschen* Sie sich von Ihrem Auftraggeber im Moment der Unterzeichnung? Wenn Sie im Angebotsprozess auf diesen Zustand hinarbeiten, stehen die Chancen gut, dass Ihr Angebot sich gegen alle anderen durchsetzt.

Es lohnt sich an dieser Stelle, nochmals Ihre Werte und die Ihrer Arbeit zu hinterfragen. Wenn Sie zum Beispiel für Präzision und Vollständigkeit einstehen und Ihr Vertriebsprozess darauf ausgelegt ist, diese Werte zu transportieren, wird Ihr Kunde umso erleichterter sein, wenn auch das Angebot diese Werte offenbart. Vielmehr noch, es muss die Werte *atmen*. Vielleicht klingt das etwas abgehoben. Bedenken Sie: In dem Moment, in dem Ihr Kunde das Angebot liest, dient es als Stellvertreter Ihres Unternehmens und Ihrer selbst.

Zurück zum Zustand Ihres neuen Kunden im Moment der Auftragserteilung. Angenommen, das Idealbild Ihres (Ideal-)Kunden in diesem wichtigen Moment ist hoffnungsvolle Erleichterung. Wie können Sie das Angebot so formulieren, dass es Ihrem Kunden leicht fällt, diesen Zustand zu erreichen? Ganz klar, indem Sie diesen Zustand im Angebotstext verklausulieren, sowohl ausdrücklich als auch zwischen den Zeilen. Transportieren Sie mehr als eine einfache Auflistung von Tätigkeiten, transportieren Sie ein stimmiges Gesamtbild und arbeiten Sie auf die Emotion hin, die Sie Ihrem neuen Kunden bei Auftragsunterzeichnung wünschen. Dies ist der bestmögliche Ausgangspunkt für eine Arbeit, die für alle Beteiligten befriedigend ist.

AKTION 24.1

Ein Angebot darf nicht viel Zeit kosten, um den Vertrieb nicht auszubremsen. Schreiben Sie heute eine Angebotsvorlage, die Ihrem Corporate Design entspricht oder ihm zumindest nahe kommt. Fügen Sie Textbausteine hinzu für jedes Ihrer Produkte (z. B. Einzelcoaching, Team-Beratung, Gruppen-Workshops, etc.) und lassen genügend Freiraum, diese Textbausteine an Ihren jeweiligen Kunden anzupassen.

AKTION 24.2

Machen Sie es Ihrem Kunden so leicht wie möglich, Sie zu beauftragen. Konservative Auftraggeber freuen sich über eine Extra-Seite, die bereits für den Fensterbriefumschlag oder das Fax vorbereitet ist. Eine Möglichkeit der Auftragsbestätigung per E-Mail sollten Sie selbstverständlich anbieten und bei progressiver Klientel auch die Bestätigung per Online-Formular. Diese (meist) letzte Seite der Angebotsvorlage ist die letzte Chance, einen bleibenden positiven Eindruck zu machen, nutzen Sie sie!

AKTION 24.3

Wenn Ihr Vertrieb schnell und effektiv arbeitet, kann es sein, dass Sie mit dem Schreiben von Angeboten nicht mehr nachkommen. Eine weitere Automatisierung spart Zeit und unnötigen Aufwand; für dieses Luxusproblem finden Sie Lösungsmöglichkeiten an Tag 27.

Tag 25 | E-Commerce: 24/7 am Ladentisch

Am Ende dieses Tages ... verdienen Sie Geld im Schlaf.

Pralinen sind ja schön und gut, aber immer nur zu verschenken erwärmt zwar das Herz und lockt Kunden an, aber mal ganz ehrlich: Schön wär's schon, wenn bei jedem Pralinen-Download auch die Kasse klingeln würde, nicht wahr? Nichts leichter als das. Sie haben bereits alles, was Sie brauchen, nun muss es nur so verpackt werden, dass Kunden gern Geld dafür ausgeben.

Wie immer gilt: Halten Sie die ersten Schritte so einfach wie irgend möglich. Wenn Sie eine E-Commerce-Agentur mit einem vollständigen Shop beauftragen, fallen schnell fünfstellige Euro-Summen an – zu Recht, denn E-Commerce gehört zu den anspruchsvollsten Aufgaben im Online-Geschäft. Heute machen wir's uns einfach: Sie erstellen heute ein verkaufsfähiges Produkt, richten einen einfachen Online-Shop ein und finden vielleicht schon den ersten Kunden ... oder die ersten hundert.

Bevor wir loslegen, ein wichtiger Hinweis zur Rechtslage: Shops zählen zu den riskantesten Unterfangen, die man online starten kann. Im Extremfall können hohe Abmahngebühren fällig werden, weil eine winzige Regel nicht beachtet wurde. Das Abenteuer Online-Shop sollten Sie nur angehen, wenn Sie die enormen Chancen gleichermaßen sehen wie die möglichen Risiken, deshalb ist eine Beratung durch entsprechende Rechtsanwälte unbedingt erforderlich.

AKTION 25.1

Schauen Sie sich Ihre bisherigen Pralinen an. Vielleicht haben Sie an Tag 16 genau eine Praline erschaffen, oder ein Pralinchen. Vielleicht auch schon zwei oder drei. Nehmen Sie sich diejenige, von der Sie am ehesten glauben, sie so verzieren, vergrößern, verpacken zu können, dass Ihre Kunden sie gerne kaufen.

Ein Beispiel: In Ihrer Praline „5 Tipps für das Leben mit einem Schreibaby" erklären Sie, was ein „Schreibaby" ist, welche Hintergründe diesem eigentlich unsäglichen Wort zugrunde liegen und was genervte Eltern tun können, um der aufsteigenden Emotionen Herr zu werden. Diese Praline ist nahrhaft genug, um über die ersten durchwachten Nächte zu helfen, und vielen Paaren könnte sie genügen, um sich erfolgreich neu zu sortieren.

Nun gibt es viele Möglichkeiten, diese Praline zu einem ganzen Kasten zu machen. Die sicher unpassendste wäre, nun „Fünf weitere Tips ..." als kostenpflichtiges E-Book zu veröffentlichen, denn der Leser würde nur mehr vom Selben erwarten und vermutlich nicht gern (!) kaufen. Wie nähme sich stattdessen eine CD mit einer selbst eingesprochenen Trance samt Musikuntermalung für die gestressten Eltern aus? Oder ein Online-Video oder eine DVD, die Sie vor dem Flipchart zeigt, an dem Sie die möglichen Dynamiken in „Schreibabyfamilien" genau erläutern? Oder einem kleinen, gedruckten sowie wasser- und pipifest gebundenen Handbüchlein mit einem Notfall-Ablaufplan, wenn die Nerven wieder blank liegen?

Schreiben Sie alle Ideen auf, die Ihnen einfallen – mindestens ein Dutzend sollte es sein – und wählen Sie dann die allereinfachste aus. Denn schon heute Abend soll Ihr Produkt verkauft werden können. Spitzen Sie den Zielgruppenbleistift so spitz wie möglich, und legen Sie einen großen Radiergummi zurecht.

Und dann geht's los: Erstellen Sie Ihr erstes verkaufsfähiges Produkt! Keine Ausreden: Sie müssen beileibe kein Bestsellerautor sein. Sie sind der Experte für die Probleme und Lösungen Ihrer Kunden, und Sie können jetzt einen echten Beitrag zu deren Zufriedenheit leisten.

AKTION 25.2

Es gibt Hunderte von Anbietern im Web, die Ihnen helfen, Ihr Produkt mit wenig Aufwand zu verkaufen, ganz gleich ob es ein E-Book ist, eine MP3-Datei, eine CD, DVD, ein gedrucktes Buch, ein T-Shirt oder eine Babymütze. Investieren Sie eine oder zwei Stunden, um einen für Sie passenden Anbieter zu finden, und bereiten Sie Ihr Produkt dann zum Verkauf vor. Eine Auswahl von Anbietern finden Sie im Anhang.

AKTION 25.3

Ihr Produkt liegt auf dem Ladentisch, nun fehlen noch die Kunden. Schreiben Sie auf Ihrer Website einen Beitrag zu Ihrem neuen Produkt aus der Sicht eines Käufers und setzen einen Link zur Website, damit die Käufer den Weg finden. Nutzen Sie alle Maßnahmen von Tag 22, um Ihr Produkt bekannt zu machen, ohne dass Ihre Kunden sich fühlen wie Stopfgänse.

Tag 26 | Scheiden ohne Tränen

| Am Ende dieses Tages … profitieren Sie von jeder Trennung.

Jeder der in diesem Buch vielzitierten Bäcker kennt die Situation: Ein Kunde ist mit einem Brötchen unzufrieden. Katastrophe? Ach was, kein Problem. Beschwerde anhören, neues Brötchen geben und ein Nougatcroissant zum Trost dazu, und alles ist gut. Konflikte zwischen Coach und Coachee sind meist deutlich komplizierter, denn hier dreht sich der Streit nicht um ein konkretes Brötchen. Die eigenen, oft verletzten Persönlichkeiten der Beteiligten stehen zur Debatte, und komplizierte Gebilde aus Projektionen, Übertragungen und Gegenübertragungen machen die Klärung knifflig. Kein Wunder, dass parallel zur Coaching-Branche immer auch die Supervisions-Branche boomt.

Für Ihren dauerhaften Erfolg als Coach oder Berater ist es wichtig, solche Situationen meistern zu können. So wichtig, dass wir heute ausschließlich dieses Thema betrachten.

An Tag 1 malten Sie sich neben Ihrem Idealklienten auch den No-go-Klienten aus. Vielleicht besitzt dieser Klienten-Typus eine bestimmte persönliche Eigenheit, die einen Ihrer „Knöpfe drückt", und Sie bemerken schon beim Erstkontakt per E-Mail oder Telefon, dass Sie mit ihm oder ihr nicht können.

Wenn sich ein neuer Klient schon beim Erstkontakt als potenziell knifflig erweist, fragen Sie sich: Ist es mir die Herausforderung wert? Wenn ja, stürzen Sie sich hinein und machen sich bereit, im Prozess auch an die eigenen Grenzen zu gehen. In wirklich guten Coachings profitieren immer beide, und wenn beide an ihre Grenzen gehen (und diese Grenzen, jeder für sich selbst, überschreiten), kann es zwar knallen, aber: Es knallt produktiv. Wenn es Ihnen die Herausforderung nicht wert ist, suchen Sie sich einen Coach aus Ihrem Kollegenkreis, zu dem Ihr Interessent besser passen könnte, und empfehlen Sie ihn.

Falls Sie häufig mit Klienten arbeiten, die auf Anraten – oder, schlimmer, Druck – ihres Vorgesetzten zu Ihnen kommen, kann das Aussieben schwieriger sein. Ein vernünftiger Auftraggeber versteht, dass es weder nötig noch möglich ist, dass jeder Coach mit jedem Klientetypus arbeiten können muss, so dass Sie auch hier nach dem ersten Treffen sagen können sollten: Es passt nicht.

Bis hierher waren die Fälle vergleichsweise einfach. Was aber, wenn sich der große Knall erst während des Prozesses anbahnt, wenn Sie schon zwei oder fünf oder mehr Sessions gearbeitet haben? Vielleicht fiel Ihnen beim Erstgespräch nicht auf, dass sich hinter dem Stress Ihres Klienten eine waschechte Borderline-Störung verbirgt, die erst in der dritten Session an die Oberfläche sprudelt? Spätestens dann muss ein Supervisor her, und spätestens dann freuen Sie sich, zu Beginn einen wasserdichten und rechtssicheren Vertrag abgeschlossen zu haben. Beides hilft, sich aus der Situation zu lösen: Der Supervisor für den persönlichen, der Vertrag für den sachlichen Anteil des Konflikts.

AKTION 26.1

Kramen Sie die Definition Ihres No-go-Klienten hervor und durchforsten Sie Ihre Adressliste nach Kollegen, von denen Sie glauben, dass sie mit denjenigen Klienten aufblühen, bei denen Sie eingehen. Vielleicht können Sie sehr gut mit dem Typus „jammernder Burnout-Kandidat" umgehen, aber sobald „Hang zum Alkohol" hinzukommt, stoßen Sie an Ihre Grenze? Dann suchen Sie nach Kollegen, die gerade dann einspringen können. Dieselben Kollegen können Ihnen helfen, wenn es zwischen Ihnen und Ihrem Coachee bereits „geknallt" hat. Alle Beteiligten werden es Ihnen danken, wenn Sie Ihre Kollegen-Datenbank mit diesen Daten füttern.

AKTION 26.2

Der Fall der Fälle, in dem Sie einem Klienten kündigen müssen (und umgekehrt), muss in Ihrem Vertragswerk geklärt sein. Wenn Sie noch keine gute Vorlage für einen Coachingvertrag haben, ist jetzt die Zeit, sich eine zu organisieren. Vielleicht kann einer der Verbände oder Vereine weiterhelfen, die Sie an Tag 12 recherchiert haben? Auch Ihre Rechtsschutzversicherung (Sie haben doch eine, nicht wahr?) hat sicherlich Vorlagen, die Sie für Ihr Vorhaben anpassen können. Bei komplexeren Vorhaben sollten Sie Ihren Anwalt einbeziehen.

AKTION 26.3

Coaches und Berater arbeiten regelmäßig in der Grauzone zwischen Coaching und Psychotherapie. Ob „Burnout" oder „Depression", ob „Präsentationscoaching" oder „ängstliche Persönlichkeitsstörung" – das liegt im Auge des Betrachters. Wenn Ihre Ausbildung nicht bereits Grundwissen zu psychischen Störungen und deren Diagnose vermittelte, sollten Sie heute beginnen, es nachzuholen, entweder im Seminar oder Selbststudium. Stellen Sie auch sicher, dass Ihre Vertragsvorlage in dieser Hinsicht eindeutig ist.

Tag 27 | Machen ... und Dranbleiben

| Am Ende dieses Tages ... werden Sie von Tag zu Tag produktiver.

Nach der ursprünglichen Buch-Planung war dieses Kapitel das erste. Wieso es ans Ende gerückt ist? Weil die heutigen Aufgaben dazu geeignet sind, einen ansonsten produktiven Arbeitstag komplett aufzufressen wie kaum eine andere Aktion aus diesem Buch, und ich wollte nicht riskieren, dass Sie über Tag 1 nicht hinauskommen.

Mit Literatur zu Produktivität lässt sich leicht ein Bücherregal füllen. Man hat die freie Auswahl: Dutzende, ja Hunderte Methoden versprechen den schnellen Weg zum produktiven Leben und Geschäftemachen, allerdings mit einem kleinen Problem: Im Coaching wird dasselbe Format, angewendet bei tausend Klienten, nicht tausendmal denselben Erfolg bringen. Ebensowenig kann ein Produktivitäts-Format unverändert bei allen Menschen und in allen Situationen gleichermaßen funktionieren. Sie müssen also Ihr eigenes Süppchen kochen.

In den letzten vier unserer gemeinsamen 30 Tage sammeln Sie alle Zutaten für Ihr Produktivitäts-Süppchen:

- Heute lernen Sie einen allgemeinen Rahmen-Prozess zur Steigerung der Produktivität,
- morgen finden Sie konkrete Werkzeuge, welche die tägliche Arbeit erleichtern,
- an Tag 29 definieren und optimieren Sie Geschäftsprozesse und
- am letzten Tag finden Sie Helfer in aller Welt, die Ihnen ungeliebte Arbeiten gern abnehmen.

Wir beginnen mit dem Rahmen-Prozess. Mein klarer Favorit dafür ist David Allens *Getting Things Done*, kurz: GTD, das weltweit vermutlich bekannteste Paradigma für Produktivität, Aufgaben- und Zeitmanagement. Natürlich kocht David Allen mit dem Wasser aus derselben Quelle, aus der auch andere Autoren schöpfen. GTD ist jedoch schon an der Basis sehr flexibel, und immer wenn meine Kunden mich um Beratung zu Produktivität und Büroorganisation baten, konnten wir das System ohne viel Aufwand passend machen. Hier eine knappe Zusammenfassung einiger Grundideen:

- Unstrukturierte Informations-Häufchen oder -Haufen (*Stuff*, Zeug) sind Gift für die Produktivität. Stellen Sie sich kurz einen 30 Zentimeter hohen Papierstapel vor: Nicht unbedingt ein Sinnbild der Ruhe und Ausgewogenheit. Sobald die Papiere sortiert sind, verschwindet der Stress, denn Sie wissen, was genau zu tun ist, und sind nicht mit einer amorphen Masse an Zeug konfrontiert.

- Sie müssen sich auf Ihre Ordnungssysteme – Kalender, Wiedervorlagen, Datenbanken – 100prozentig verlassen können: Es muss ein *trusted system*, ein zuverlässiges System geben, in dem Sie alle Informationen schnell und sicher finden.
- Die Arbeit besteht aus einer Folge von Aktionen. Eine Aktion ist erst dann eine Aktion, wenn sie einem bestimmten Projekt (z. B. „Kongressplanung") und Kontext (z. B. „Büro" oder „Unterwegs") zugeordnet ist. Es ist nicht sinnvoll, alle Aktionen auf einmal zu sehen. Viel besser ist es, wenn das zuverlässige System in jedem Kontext die jeweils nächste Aktion anzeigt.
- Das System muss konsequent angewendet werden, und Sie können (und sollen) es Ihren eigenen Vorlieben, Ihrer bevorzugten Arbeitsweise und den Werten Ihres Unternehmens passen.

Die eigentliche Systematik ist auf den ersten Blick einfach, und auch auf den zweiten und dritten steigt die Komplexität kaum. Dennoch empfehle ich, dass Sie sich die Literatur zu GTD anschauen und mindestens eine der vielen Zusammenfassungen im Netz lesen. In den heutigen Aktionen führe ich Sie durch die ersten Schritte, die GTD grob umreißen.

Rund um *Getting Things Done* hat sich ein ganzes Ökosystem an Sekundärliteratur entwickelt, und es ist gut möglich, Wochen oder gar Monate damit zu verbringen, auf den aktuellen Stand zu kommen. Von vielen, vielen, vielen sinnvollen Empfehlungen bringen diese drei den größten Nutzen bei geringstem Zeitaufwand:

- Minimieren Sie Unterbrechungen! Der größte Fokus-Killer, das Telefon, sollte nur klingeln, wenn Sie bereit sind, Anrufe zu empfangen, zu allen anderen Zeiten antwortet die Voicebox oder Ihr Telefonservice. Auch die E-Mail-Software sollte nicht immer „ping" machen, wenn eine neue Nachricht eingeht. E-Mails zu bearbeiten ist eine Aufgabe wie andere auch, und Vermischungen sind immer schädlich für die Produktivität.
- *Inbox Zero!* Spätestens am Ende des Tages sollte jede eingehende E-Mail aus der Inbox verschwunden und einem Projekt, einer Aktion oder einem Termin zugeordnet sein. Je mehr E-Mails am Tag ankommen, desto wichtiger ist es, diese Regel einzuhalten.
- Fokussieren Sie aufs Tun! Planen Sie mit Aktionen, nicht mit Zuständen. Ein Kalendereintrag „Projekt X fertig" ist nutzlos, weil er keine Taten codiert. Wichtiger sind die Einträge *vor* diesem Tag, die die konkreten Aktionen umfassen.

Mit der Zeit werden Sie natürlich Ihr eigenes System-Süppchen kochen. Das Wichtigste dabei ist, dass es ein echtes *System* ist mit klar definierten Regeln. Diese Regeln können und dürfen Sie natürlich variieren, jedoch lohnt sich das nur, wenn die Variation eine echte Zeitsparnis oder andere deutliche Vorteile bringt, alles andere ist unnötige Frickelei.

Zum Schluss sei erwähnt, dass selbst das beste Produktivitätssystem nicht funktionieren kann, wenn die Motivation fehlt. Produktivität und Zeitmanagement sind immer auch Selbstmanagement: Wenn Sie an zehn Systemen scheitern und auch das elfte „nicht klappt", dann schauen Sie lieber auf sich selbst statt aufs System.

AKTION 27.1

Schauen Sie sich im Anhang die Vorschläge für *trusted systems* an und entscheiden sich für eines. Treffen Sie dann eine Abmachung mit sich selbst, dieses eine System mindestens zwei volle Wochen konsequent einzusetzen.

Es ist sehr verlockend, viel Zeit mit dem Ausprobieren verschiedener Systeme zu verbringen, und wie oben angedeutet kann allein das Herumtüfteln Tage oder Wochen auffressen. Seien Sie also auf der Hut! Am Ende geht es darum, dass das System Sie fast unmerklich bei der Arbeit unterstützt, nicht dass Sie unnötig viel Arbeit in das Tüfteln stecken.

AKTION 27.2

Suchen Sie drei große Kisten: Eine (große) für Altpapier und eine, die Sie mit „Inbox" beschriften. Die dritte beschriften Sie mit „Ablage". Es mag hilfreich sein, jetzt eine große Kanne Kaffee, Grüntee oder Ihr bevorzugtes „High"-Getränk zuzubereiten.

Dann beginnt der Rundumschlag: Sammeln Sie alles, aber auch alles, was Sie an nicht eindeutig abgehefteten oder zugeordneten Zetteln, Papieren und so weiter finden, in die Inbox.

Alles. Wirklich alles. Die Quittungen aus dem Portemonnaie genauso wie das Visitenkartenhäufchen in der untersten Schreibtischschublade. Die Zeitschriften auf dem „Irgendwann-mal-lesen"-Stapel genauso wie die Flipchart-Blätter vom vorletzten Info-Abend. Noch nicht bei der Versicherung eingereichte Arztrechnungen und Apothekenquittungen, Telefonprotokolle, Coaching-Mitschriften aus der Aktentasche, Kaugummipapierchen mit Telefonnummern. Seien Sie radikal und nehmen sich vor, mit einem Schwung wirklich alles zu erfassen (bis auf die digitalen Dokumente; die kommen später dran).

AKTION 27.3

Nun hat sich vermutlich ein gehöriger Stapel in der Inbox angesammelt. Eine weitere Kanne Kaffee wirkt jetzt Wunder, bei vielen hilft zu diesem Zeitpunkt auch die passende Musik – interessanterweise meist laute, harte –, um im passenden Fokus zu bleiben.

Nehmen Sie das erste Element der Inbox vom Stapel und treffen Sie eine Entscheidung: Brauchen Sie es, und wenn ja, ist es mit einer konkreten Aktion verbunden oder nicht? Drei Beispiele:

- Zuoberst liegt, sagen wir, ein Supermarkt-Prospekt der letzten Woche. Brauchen Sie ihn noch? Nicht? Dann in den Müll, sofort. Die wichtigste Eigenschaft für ein sortieres Büro ist die Bereitschaft, Dinge wegzuwerfen.
- Das nächste Element ist die Mitschrift eines Coachings. Aktion? Wohl kaum, also zur Ablage in den Ordner mit Coaching-Mitschriften zum passenden Klienten. Falls die betreffende Ablage noch nicht existiert, legen Sie sie jetzt an: Halten Sie genügend Ordner, Hängeregister oder einfache Mappen bereit. Außerordentlich praktisch ist eine nicht-hierarchische alphabetische Sortierung der Mappen, in der **A**pothekenquittungen mit **C**oaching-Mitschriften gleichberechtigt abgelegt sind: Das spart viel Zeit bei Ablage und Suche.
- Das dritte Element in der Inbox, eine Apothekenquittung, die eigentlich schon lange bei der Krankenversicherung eingereicht sein sollte. Diese Quittung ist mit einer Aktion verbunden („Bei PKV einreichen"), also legen Sie die Quittung dort ab, wo Sie sie wiederfinden (in Ihrem Krankenversicherungsordner) und tragen die passende Aktion in Ihr System ein, am besten eingebettet in ein Projekt („PKV") und einen Kontext (z. B. „Büro"). (Wäre die Quittung schon abgerechnet, gehörte sie in die Ablage.)

Wiederholen Sie das ganze so lange, bis die Inbox geleert ist, und nehmen sich ab jetzt vor, bis zum Abend jeden Tages die Inbox komplett zu leeren. Dies ist eine Zusammenfassung des in GTD empfohlenen Systems, doch auch wenn Sie nur diese Schritte konsequent ausführen, wird aus vielen amorphen Stapeln ein strukturiertes System mit konkreten Aktionen. Und das macht den Kopf so frei wie kaum eine andere Aktion in diesem Buch.

Die ganze Prozedur geht schneller, als Sie vielleicht denken. Selbst sehr chaotische Büros konnten wir schon in einem Tag grundlegend durchsortieren, und immer war die Freude groß: Vor allem über die große Kiste Altpapier, die nach getaner Arbeit zum Container geschleppt und genüsslich entsorgt werden konnte.

AKTION 27.4

Nun wiederholen Sie das alles mit Ihren digitalen Dokumenten. Falls der Tag schon zu Ende ist, nehmen Sie den nächsten gern hinzu. Seien Sie radikal; Sie sind es sich, Ihrem Unternehmen und Ihren Kunden schuldig, sortiert zu arbeiten!

AKTION 27.5

Nutzen Sie Ihr gewähltes System ab heute konsequent, um Aktionen zu planen und durchzuführen. Halten Sie es so einfach wie irgend möglich und denken Sie immer daran: Das System ist da, um unmerklich Ihre Arbeit zu erleichtern. Es muss sich vornehm im Hintergrund halten wie ein guter Kellner, der dafür Sorge trägt, dass Ihr Weinglas immer gefüllt ist. Sobald Sie bemerken, dass Sie mehr Arbeit in die Pflege des Systems als in Ihr Kerngeschäft investieren, ist es Zeit, über das System nachzudenken und es zu optimieren.

Tag 28 | Ein professionelles Backoffice für fast Null Euro

> **Am Ende dieses Tages … haben Sie Ihr Büro in der Hand**

Schon in den 1970er Jahren planten Visionäre das papierlose Büro: Endlich ein Büro ohne Aktenschränke, Karteikästen und Register, endlich eine Verschlankung und Vereinfachung der täglichen Arbeit! Es dauerte länger als erhofft, doch in den vergangenen Jahren wurde das vollständig papierlose Büro endlich Wirklichkeit, gestützt durch die rasante Entwicklung in der IT-Branche und die Revolution des Internet.

Gestern ging es um den Rahmen der Produktivität, heute um die konkreten Werkzeuge: Heute gestalten Sie Ihr eigenes, IT-gestütztes Backoffice und bestimmen selbst, wie viel oder wenig Papier Sie horten wollen. Die einzige Voraussetzung ist ein Computer, der mit einem modernen Betriebssystem ausgestattet und ans Internet angeschlossen ist. Als Schnittstelle zum nicht-papierlosen Teil der Welt benötigen Sie außerdem einen Drucker und Scanner.

Hier sind drei Prinzipien für ein produktives Backoffice:

- Die Werkzeuge halten sich im Hintergrund wie die Heinzelmännchen. Um Kundendaten zu erfassen, eine Rechnung zu schreiben oder Termine mit Kunden und Kollegen abzugleichen, sollten so wenig Ressourcen wie möglich beansprucht werden. Das Tun muss im Vordergrund stehen, nicht das Werkzeug. Es ist wie mit einem guten Messer: Es ist so gut balanciert und scharf, dass Sie beim Schneiden nicht das Messer, sondern nur den Fisch spüren, den Sie bearbeiten.
- Der Datenaustausch geschieht unbemerkt zwischen den Programmen, zwischen den Geräten, auf denen die Programme genutzt werden, sowie zwischen Ihnen, Ihrem Team und natürlich den Kunden. Es sollte nur wenige Mausklicks kosten, einem Kunden ein Dokument zur Verfügung zu stellen, an dem Sie beide gemeinsam arbeiten können, und das Verabreden von Terminen im Team sollte nicht zu einem Kraftakt ausarten.
- Daten sind robust gespeichert und überall verfügbar. Wenn ein Teil des Systems ausfällt, bricht das Gesamtsystem nicht zusammen, und alle Kopien werden automatisch auf dem aktuellen Stand gehalten. Sie können auch unterwegs auf Ihre wichtigen Daten und Dokumente zugreifen.

Drei von vielen Prinzipien, die sich als sinnvoll erwiesen haben, keine ewigen Gesetze, und es ist nicht erforderlich, dass sie immer zu 100 Prozent erfüllt sind. Kein Kunde wird davonlaufen, wenn seine E-Mail beim falschen Adressaten oder im Spam-Filter landet; kein Coach wird vor Stress zusammenbrechen, wenn er ein Dokument auf seinem Computer erst nach 20 Sekunden und nicht schon nach zehn findet. Der Berg aus kleinen Verstößen gegen diese Prinzipien erst richtet großen Schaden an: verlorene Zeit, verlorener Fokus und damit verlorene Produktivität sind die Folge.

Die nötigen Werkzeuge können grob in sieben Bereiche sortiert werden, welche die meisten Anwendungsgebiete abdecken. Die Liste ließe sich lange fortsetzen, z. B. um Software für Webinare, Podcasts oder Ähnliches, doch wenn Sie die folgenden Bereiche erfasst haben, ist das meiste geschafft. Eine Liste mit konkreten Empfehlungen finden Sie im Anhang.

- Aufgaben verwalten: Um in Ihren eigenen Aufgaben den Überblick zu bewahren, vor allem aber in denen, die Sie mit Teamkollegen, Kunden und Freelancern teilen, hilft spezialisierte Software. Im bestmöglichen Fall kennen Sie – angelehnt an GTD – den Stand eines Projekts mit den zugehörige Aufgaben *nicht* auswendig, das ist unnötiger Ballast fürs Bewusstsein. Sie müssen sich auf Ihr Aufgabensystem 100prozentig verlassen können, nur dann kann es eine echte Entlastung im Arbeitsalltag sein.
- Kommunizieren: Eine schnelle und zuverlässige E-Mail-Lösung, ein Telefon und die Möglichkeit, Telefon- und Videokonferenzen zu halten, sind heute selbstverständlich. Am besten arbeitet alles zusammen: Nachrichten, die auf der Voicebox landen, werden per E-Mail weitergeleitet, und die Mitschnitte einer Telefonkonferenz erhalten Sie als MP3-Datei ebenfalls per Mail. Falls Sie mehrere Telefone besitzen, kann die Software helfen, alle Nummern zu dem Ort umzuleiten, an dem Sie sich gerade aufhalten, oder alle Leitungen zugleich leise zu schalten, damit konzentrierte Arbeit möglich wird.
- Termine verwalten: Ein immer aktueller Kalender, den Ihre Kollegen und, eingeschränkt, auch Kunden jederzeit online einsehen können, hilft Zeit zu sparen. Außerdem erleichtert er das Finden gemeinsamer Termine: Was früher oft mit einer komplizierten, viele Telefonate erfordernden Aufgabe verbunden war, reduziert sich heute auf wenige schnelle Klicks.
- Vertrieb steuern: Sobald Sie einen Vertriebler beauftragen oder gemeinsam mit Kollegen an der Akquise Ihrer Kunden arbeiten, hilft eine CRM-Software *(Customer Relations Management)*, den Vertriebsprozess so zu dokumentieren, dass jeder Mitarbeiter jederzeit auf dem aktuellen Stand ist.
- Wissen und Daten verwalten: In den vergangenen Wochen haben Sie die Ergebnisse der Aktionen bereits in einem Wiki oder einer ähnlichen Software erfasst. Im Idealfall kann die Software wie ein Intranet genutzt werden, so dass Kunden

oder Kollegen jederzeit Zugriff auf Teile des Wissens erhalten können. Auch ein Dienst, der den Austausch großer Datenmengen vereinfacht, ist unverzichtbar.
- Dokumente erstellen: Textverarbeitung, Tabellenkalkulation, Präsentations- und Diagramm-Software ist bereits so selbstverständlich, dass sie kaum einer Erwähnung bedarf.
- Daten sichern: Sicherheit entsteht aus den Komponenten Redundanz und Zugriffskontrolle. Wenn Ihr komplettes Unternehmen auf Ihrem Notebook abgewickelt wird, sollte es möglich sein, binnen eines Tages die Arbeitsfähigkeit wieder herzustellen, wenn der Computer gestohlen wird, *und* der Dieb darf die Daten nicht einsehen können. Redundanz erreichen Sie durch Backups (on-site, d. h. im Büro, und off-site, d. h. bei externen Anbietern), die Sicherheit durch Verschlüsselung aller Daten und der Verwendung sicherer Passwörter.

AKTION 28.1

Machen Sie eine Bestandsaufnahme: Prüfen Sie Ihr aktuelles Büro daraufhin, was Sie verbessern oder verändern können, um Ihr Backoffice den oben genannten Prinzipien entsprechend zu gestalten. Gehen Sie die sieben Bereiche Schritt für Schritt durch und seien Sie sehr sorgfältig: Als Coach oder Berater führen Sie ein Wissensunternehmen, und es liegt in Ihrer Verantwortung, das Wissen und die oft hochpersönlichen Daten Ihrer Klienten sorgfältig und sicher zu behandeln.

AKTION 28.2

Achten Sie ab sofort auf Reibungsverluste im Backoffice: Fällt es wiederholt schwer, projektbezogene Dateien zu finden? Sind die Termine auf Ihren diversen Geräten immer nur „irgendwie" auf dem aktuellen Stand? Sind zur Freigabe einer Datei an einen Kunden immer mehr Klicks nötig, als es eigentlich sein müsste? Schreiben Sie es sich auf Ihre Fahne, solche Missstände *sofort* zu beheben, auch wenn sie unwichtig erscheinen. Nach ein paar Wochen wird es zur Routine, die den Arbeitsalltag immer weiter zu erleichtern hilft.

Tag 29 | Automatisierung

> **Am Ende dieses Tages ... zähmen Sie Zeitfresser.**

Geschäftsprozessoptimierung war für mich ein Wortungetüm, das nur in Großkonzerne gehörte — bis zu meinem ersten Seminar. Für mich als damaligen Neuling in der Branche verschlangen die nötigen Routineaufgaben wertvolle Ressourcen: Zunächst nur unmerklich, doch ich bemerkte mehr und mehr, dass das Kerngeschäft auf der Strecke blieb. Also begann ich, in meinem Kleinstunternehmen die Methoden einzusetzen, die ich zuvor nur aus dem Consulting im Konzernumfeld kannte.

Das Wortungetüm ist leicht erklärt: Ein Geschäftsprozess ist im Grunde ein strukturierter Ablauf von Aktionen. Einfache Prozesse wie „Anmeldung zu einem Seminar" passen auf eine A4-Seite, während komplexe Abläufe (wie „Beantragung eines Unternehmenskredits" bei einer Bank) locker mehrere Aktenordner füllen können. Die Optimierung eines Geschäftsprozesses bedeutet, den Aufwand, der zur Durchführung erforderlich ist, soweit wie möglich zu reduzieren und das Ergebnis dabei soweit wie möglich zu verbessern.

Eine Modellierung und Optimierung von Geschäftsprozessen lohnt sich vor allem bei Abläufen, die

- häufig anfallen,
- viele Ressourcen beanspruchen und
- potenziell hohe Gewinne versprechen.

Dabei ist es unerheblich, ob Sie allein arbeiten, im Kollegen-Netzwerk oder im Unternehmen mit (vielen) Angestellten.

Ein klassischer Fall für die Optimierung ist die Angebotserstellung: Wenn ein Angebot in maximal 45 Minuten statt „ungefähr zwei bis drei Stunden" fertig ist, wird es viel leichter fallen, Ihrem Vertriebler mehr Budget zuzuteilen. Je einfacher und schneller Angebote erstellt werden können, desto leichter fällt der Vertrieb, denn Sie müssen sich keine Sorgen mehr machen, ob Sie arbeitsfähig bleiben, wenn sich die Zahl der potenziellen Kunden plötzlich verdreifacht.

Die Modellierung von Geschäftsprozessen (neudeutsch *Workflows*) ist außerdem die wichtigste Voraussetzung für eine erfolgreiche Delegation, mit der wir uns morgen beschäftigen. Auch wenn Sie als Gründer vielleicht glauben, Workflows seien Firlefanz, lohnt es in jedem Fall, die folgenden Aktionen auszuführen, es sei denn, es macht Ihnen Spaß, tagtäglich viel Zeit und Aufmerksamkeit in Routinearbeiten zu investieren.

AKTION 29.1

Führen Sie sich die Beschreibung Ihres Idealtags zu Gemüte und fragen Sie sich: Welche Abläufe, die dort stattfinden, entsprechen den drei oben genannten Kriterien? Beachten Sie vor allem auch den „Bürokram" sowie Vertrieb und Marketing. Greifen Sie dann einen dieser Abläufe heraus. Es kann die Bearbeitung eines Neukontakts sein oder sogar der Ablauf der ersten Coachingsitzung samt aller Vor- und Nachbereitungen oder das Erfassen einer positiven Rückmeldung eines Kunden auf der Website und auf allen anderen Kanälen.

Schauen Sie in den Anhang und wählen Sie ein Werkzeug zur Workflow-Modellierung, dann bilden Sie den gewählten Ablauf ab. Wiederholen Sie das mit allen anderen Prozessen, die Sie für wichtig halten und achten Sie darauf, wie die einzelnen Abläufe zusammenhängen.

AKTION 29.2

Beginnen Sie ab heute, die Ressourcen zu messen, die für die Ausführung Ihrer Workflows anfallen. Werkzeuge hierzu finden Sie im Anhang. Es ist gleich, für welches Sie sich entscheiden, solange die Messungen konsequent durchgeführt werden, bis die Daten genau genug sind.

Um beispielsweise den Aufwand zu messen, der für die Erstellung eines Angebots ins Land streicht, messen Sie neben der Zeit auch den Aufwand, den Sie benötigen, um alle Daten für das Angebot beim Kunden zu erfragen. Danach bemerken Sie vielleicht, dass ein standardisierter (online-)Fragebogen eine Möglichkeit bietet, den Ablauf deutlich zu optimieren.

Tag 30 | Delegation

> **Am Ende dieses Tages ... finden Sie Helfer in der ganzen Welt.**

Das Telefon klingelt, einer der fünfzig Teilnehmer Ihres Seminars ruft an: „Sagen Sie mal ... das Seminarhotel ... ist das Hausnummer 21 oder 42?" Kurz darauf klingelt es wieder: „Ich nochmal ... hab den Namen des Hotels vergessen ..." Eine Situation, die jeder Trainer kennt. Natürlich können Sie, wie vor drei Tagen empfohlen, das Telefon nur zu bestimmten Tageszeiten laut schalten. Dem Seminarteilnehmer, der gerade aus der U-Bahn ausgestiegen ist und den Weg zu Ihrem Seminar nicht findet, nützt das aber nichts, er braucht die Auskunft jetzt.

Frage ich einen Coach, welche Aufgaben in seinem neuen Unternehmen er sofort auslagern will, höre ich meistens: Buchhaltung und Steuerberatung. Das Telefon steht meist weit unten auf der Liste, und über das Delegieren anderer Aufgaben denken die meisten überhaupt nicht nach. Dabei ist dies nicht nur für große Unternehmen sinnvoll: Gerade Freiberufler und kleine Firmen profitieren besonders schnell.

Als Faustregel gilt: Jede Tätigkeit, die in einem Arbeitsablauf beschrieben werden kann, kann delegiert werden. Wenn Aufgaben sehr komplex sind, schauen Sie, welche Teilbereiche zu Ihrem Kerngeschäft gehören und bei Ihnen bleiben sollen und welche ausgelagert werden können. Die Aufgabe „Coaching für Konzern X planen, durchführen und nachbearbeiten" ist vermutlich zu groß, um sie komplett zu delegieren, aber vielleicht können Sie einzelne Teile herausoperieren? Unterm Strich darf der Aufwand an Zeit und Geld durch Delegation natürlich nicht steigen, also beginnen Sie mit kleinen Projekten und führen Buch über jeglichen betriebenen Aufwand.

Hier einige Beispiele für Aufgaben, die delegiert werden können:

- Telefon: Wenn die Anrufe so zahlreich sind, dass die Zwischenlösung Voicebox nicht genügt, gibt es zahlreiche Anbieter, die Fragen wie jene nach der Hausnummer des Seminarhotels, zuverlässig beantworten und komplexere Fragen sammeln und sortiert weiterleiten.
- Vertrieb: Praktikanten können die Branchenverzeichnisse recherchieren und Adresslisten erstellen, die dann ein geübter Vertriebler abtelefoniert und nutzt, um Gesprächstermine zu vereinbaren. Gerade für kleine Unternehmen kann ein professioneller Vertrieb von großem Nutzen sein.

- **Seminarorganisation:** Beginnend bei der Akquise von Seminarteilnehmern über die Organisation der Räume bis zu Einlasskontrolle und Catering kann ein Seminar komplett delegiert werden, so dass Sie Luft haben, sich auf Ihre Kernkompetenz zu konzentrieren.
- **Marketing:** Wenn Sie Ihre Marketingaktionen auf kleine Teile herunterbrechen, können Sie vieles auslagern, z. B. die Transkription von Interviews, Texte für Blog-Beiträge oder sogar Ghostwriting für Fachartikel und Bücher.
- **Außenstände:** Wenn Sie häufig hohe Rechnungen an Großunternehmen stellen, überlegen Sie, ob Factoring sinnvoll sein kann: Sie verkaufen dabei Ihre Forderungen an einen Dienstleister, der Ihnen den Rechnungsbetrag abzüglich einer Gebühr sofort zahlt und sich um die Eintreibung des Betrags bei Ihrem Kunden kümmert.
- **Projektmanagement:** Selbst das Delegieren kann delegiert werden, ein Projektmanager hält alle Fäden in der Hand und ist alleiniger Ansprechpartner für die Koordination Ihrer Puzzleteile.

Die einzige Aufgabe, die meiner Ansicht nach *nicht* ausgelagert werden sollte, jedenfalls nicht vollständig, ist das Social Marketing: Hier müssen Sie persönlich präsent sein und mit Ihrer Stimme und Expertise glänzen. Ob Sie selbst oder eine Agentur Ihre Facebook-Updates, Tweets oder GooglePlus-Kommentare schreibt, riechen Ihre Kunden tausend Meter gegen den Wind.

Helfer finden sich in aller Welt. Spätestens seit Thomas Friedmans bahnbrechendem Buch *The World is Flat* ist weltweites Delegieren salonfähig und wird fast schon zur Normalität. Ein Logo vom Freelancer aus Peru, eine Website von der Designerin aus Schweden und die Web-Applikation zur Terminverwaltung aus dem Schwabenländle? Heutzutage kein Problem: Neben dem Marktführer Elance gibt es Dutzende Freelancer-Plattformen, und es gibt keine Aufgabe, für die sich nicht jemand findet, der sie gern, schnell und gut ausführt.

Die Lösung kann auch näher liegen: Für thematisch begrenzte Projekte (zum Beispiel die Marketing-Aktion für Ihr neues Coaching-Angebot) können Sie ohne große Formalitäten einen Praktikanten einstellen. Denken Sie hierbei daran, dass der Praktikant hauptsächlich kommt, um zu lernen, und dass Sie Zeit investieren müssen, um seine Wissens- und Erfahrungslücken zu füllen. Bei einem guten Praktikum gewinnen also immer beide: Auftraggeber und Praktikant.

AKTION 30.1

Schauen Sie sich die Workflows an, die Sie gestern erstellt haben: Welche der anfallenden Aufgaben machen Sie gut und gern, welche davon *können* nur Sie machen und welche könnten andere übernehmen? Lesen Sie auch nochmals die Beschreibung Ihres Idealtages, vielleicht treten neue Aufgaben zutage, an die Sie vorher noch nicht gedacht haben.

Beispiele für den ersten Anlauf: Ein Texter, der eine kleine Artikelserie für Ihr Blog zu einem vorgegebenen Themengebiet schreibt; ein Designer, der Ihre „Praline" grafisch aufpoliert; ein Student, der Ihnen 100 Adressen potenzieller Kunden sucht und in Ihr CRM eintippt.

Die Möglichkeiten sind fast unendlich. Isolieren Sie jetzt ein konkretes Projekt, oder wenn Sie es langsam angehen lassen wollen, ein Projektchen, und planen, wie Sie es delegieren können. Suchen Sie sich dann jemanden, der Ihr Projekt(chen) umsetzen kann und legen Sie los!

Tag 31 | Die Zukunft

Am Ende dieses Tages … geht es weiter.

Unternehmer zu werden ist ein wenig wie Eltern werden: Plötzlich ist das Kind da und muss gehegt und gepflegt werden. Es dauert Zeit, bis eine Frau zur Mutter und ein Mann zum Vater wird; und viele sagen, es dauert ein Leben lang.

In 30 Tagen zum „fertigen" Unternehmer zu werden ist natürlich ein völlig utopisches Unterfangen, denn Unternehmertum ist ein Prozess, der oft einen klar definierten Anfang hat, aber niemals zu Ende ist. Mit jedem Tag, jedem Monat, jedem Jahr werden Sie mehr lernen darüber, was Sie als Unternehmer ausmacht, und wenn Sie es ernst meinen, hört das Lernen niemals auf.

Während der letzten Wochen habe ich Sie durch 30 der in meiner Sicht wichtigsten Schritte begleitet. Vielleicht erschienen Ihnen unsere gemeinsamen 30 Tage wie der in der Einleitung angekündigte Halbmarathon, vielleicht auch als schneller Sprint oder als Ultra-Triathlon. Heute stehen Sie an der Ziellinie. Drehen Sie sich um und sehen, was Sie erreicht haben!

Dieser einunddreißigste Tag ist nicht das Ende. Er markiert den Anfang: Ihr Koffer ist vollgepackt mit Ideen, Texten, Daten, Menschen, jetzt kann die Reise losgehen. Viel Spaß!

AKTION 31.1

Unternehmer sind wie Gärtner: Manchmal schwitzen sie beim Pflügen oder Jäten, manchmal genießen sie im Schatten der Kirschblüten die Frühlingssonne. Suchen Sie sich heute den nächstgelegenen Kirschbaum (oder etwas Vergleichbares) und genießen Sie, was Sie geschafft haben! Und stehen Sie dann morgen besonders früh auf, spucken in die Hände und gärtnern weiter.

Ach, und schauen Sie morgen bitte ein letztes Mal in den Anhang zu diesem Tag. Ich freue mich, von Ihnen zu hören!

Anhang

Die Welt dreht sich schnell, und Teile der Liste in diesem Kapitel sind vermutlich schon bei Drucklegung dieser Buch-Auflage schon nicht mehr aktuell. Bleiben Sie immer auf dem neuesten Stand, indem Sie auf der Website zu diesem Buch vorbeischauen: ↗ vomcoachzumunternehmer.de

Auch wenn nach dem Lesen der Kapitel und dieses Anhangs noch Fragen offen sind, finden Sie dort wahrscheinlich eine Antwort; falls nicht, scheuen Sie nicht, mich zu fragen!

Häufig gibt es Alternativen zu hier genannten Programmen, Websites und Tools. Die Website alternativeTo (↗ alternativeto.net) ist ein gutes Portal, um diese Alternativen zu finden.

Zur Einleitung Teil 2

Eine kleine Auswahl an möglichen Systemen, in die Sie guten Gewissens Teile Ihres Gedächtnisses und Ihrer Aufmerksamkeit auslagern können, sind:

- Einfache Textdateien, die durch ein Rahmenprogramm zusammengehalten werden: Notational Velocity (↗ notational.net) im Zusammenspiel mit Simplenote (↗ simplenoteapp.com) oder jedes andere Programm, das es erlaubt, jeden beliebigen Text-Teil in Bruchteilen von Sekunden sicher aufzufinden. Wenn Sie minimalistisch denken und arbeiten, ist dies vermutlich die beste Lösung.
- Wenn Sie stark vernetzt denken, ist vermutlich ein Wiki sinnvoll, das Sie entweder im Web hosten lassen können (z. B. als Intranet bei Google Sites, sites.google.com) oder auf Ihrem Computer installieren. Ein Wiki ist nichts weiter als eine Sammlung von einzelnen Seiten, die sich ebenso leicht bearbeiten wie untereinander vernetzen lassen.
- Die aktuell wohl bekannteste Lösung zum Dokumentenmanagement (d. h. dem Sammeln und Organisieren von allem, das in der täglichen Arbeit anfällt) ist Evernote (↗ evernote.com), mit dem Sie Ihre Daten zudem auch mobil erfassen und abrufen können.

Zu Tag 4

Shared Offices finden Sie in Kleinanzeigenmärkten (z. B. eBay Kleinanzeigen, ↗ kleinanzeigen.ebay.de) und in Portalen, auf denen sich Suchende üblicherweise finden, wie z. B. Das Auge (↗ dasauge.de/ateliers). Daneben gibt es professionelle Coworking-Anbieter wie betahaus (↗ betahaus.de) oder The Hub (↗ the-hub.net). Schließlich hilft eine Google-Suche nach „coworking" plus der Stadt, in der Sie suchen, sicher weiter, um den richtigen Platz zu finden.

Zu Tag 6

Für den Kassensturz nehmen Sie am einfachsten eine Tabellenkalkulation, wie sie z. B. in Google Docs (↗ docs.google.com) integriert ist. Der Vorteil eines einfachen Werkzeugs ist, dass Sie wenig Zeit mit der Einrichtungs des Werkzeugs verbringen, sondern sofort mit der Arbeit loslegen können.

Förderprogramme finden Sie neben einer einfachen Google-Suche unter anderem bei der Förderdatenbank des BMWI (↗ foerderdatenbank.de). Eines der bekanntesten Förderprogramme in Deutschland ist das „Gründercoaching" der Kreditanstalt für Wiederaufbau (↗ kfw.de). Schauen Sie auch auf die Websites Ihrer lokalen Handels- oder Wirtschaftskammern, um regionale Programme zu finden.

Zu Tag 7

Den Printable CEO, teils auch übersetzt, finden Sie bei ↗ davidseah.com/pceo, den *Cult of Done* bei ↗ t.co/MJD3AuIo.

Zu Tag 10

Der Link zu Skype Brand Book ist bei Drucklegung dieses Buchs im ständigen Fluss, suchen Sie am besten mit Google nach „skype brand book".

Zwei sehr gute Tools, um Farbschemata zu finden: Adobe kuler (↗ kuler.adobe.com) und der Color Scheme Designer von Petr Stanicek (↗ colorschemedesigner.com).

Fotos finden Sie bei iStockphoto (↗ istockphoto.com); wenn Sie extravagantes Material bevorzugen, schauen Sie auch zu Photocase (↗ photocase.com).

Der zur Zeit größte Anbieter von Schriften ist MyFonts, ↗ myfonts.com, der in seinem riesigen Katalog auch sehr viele Schriften für niedrige Budgets bietet.

Zu Tag 15

Die Markenrecherche war früher eine langwierige und kostspielige Sache. Inzwischen sind alle großen Markenregister online kostenfrei durchsuchbar. Für deutsche Marken suchen Sie beim DPMA, dem Deutschen Patent- und Markenamt (↗ register.dpma.de), EU-Marken finden Sie beim OAMI (↗ oami.eu). Schweizerische Marken verzeichnet das swissreg (↗ swissreg.ch), österreichische das ↗ patentamt.at und weltweit registrierte Marken finden Sie beim WIPO, ↗ wipo.int/romarin.

Beachten Sie hier nochmals den Hinweis, dass eine eigenverantwortliche Markenrecherche nur erste Anhaltspunkte liefern kann. Besprechen Sie sich im Zweifelsfall mit Ihrem Anwalt.

Zu Tag 16

Zum Thema der Ökonomie des Kostenlosen empfehle ich Chris Andersons Buch *Free: The Future of a Radical Price*.

Um Text-Pralinen zu schöpfen, brauchen Sie nichts anderes als eine Textverarbeitungssoftware, die möglichst in Ihrem Corporate Design formatierte Ergebnisse produzieren kann und als PDF-Datei exportiert.

Videos „drehen" Sie einfach mit der Kamera Ihres iPhone: Das Anheuern eines Kamerateams ist nur in absoluten Ausnahmefällen notwendig. Schon ein Video, in dem Sie vorm Flipchart die Grundzüge Ihrer Methode so erklären, dass ein Hungriger ein wenig satter wird, kann Gold wert sein.

Für Audio-Aufnahmen hat sich in meiner Erfahrung besonders das Mikrofon *Yeti* von Bluemic bewährt, das für wenig Geld bemerkenswerte Ergebnisse bringt.

Zu Tag 17

Einfache und hübsche Visitenkarten liefert zum Beispiel MOO, ↗ moo.com. Designer, die auch für niedrige Budgets Flyer gestalten, finden Sie bei Portalen wie ↗ 99designs.com oder ↗ crowdspring.com.

Zu Tag 19

Domains (und später auch Webspace) erhalten Sie zum Beispiel bei ↗ domainfactory.eu oder ↗ all-inkl.com.

Neben Tumblr gibt es unzählige Alternativen, die für die ersten Schritte ähnlich gut geeignet sind: Posterous (↗ posterous.com), Google Sites (↗ sites.google.com), Squarespace (↗ squarespace.com) und viele, viele, viele mehr. Aber denken Sie bitte daran: Wenn Sie einmal beginnen, nach Alternativen zu suchen, kommen Sie aus dem Finden nicht mehr heraus, weil der Markt so unfassbar groß ist. Deshalb empfehle ich vorerst eine der genannten Lösungen, idealerweise Tumblr.

Wenn Sie Unterstützung im Schreibstil oder beim Schreiben allgemein benötigen, ist das *Copy Book* (D&AD und Taschen Verlag) eine erstklassige Einführung ins knackige Schreiben. Für geschliffene englischsprachige Texte gibt es wohl kaum einen besseren Leitfaden als Strunk & Whites *The Elements of Style*. Gegen Kreativitätsblockaden hilft das Kartenspiel *Kribbeln im Kopf* von Mario Pricken und Christiane Klell.

Von den vielen Online-Impressum-Generatoren empfehle ich gern den der Kanzlei Keller (↗ it-recht-kanzlei.de), mit dem Sie ein Impressum auch direkt in Ihre Facebook-Seite integrieren können.

Zu Tag 22

Empfehlenswerte Newsletter-Anbieter sind zum Beispiel CampaignMonitor (↗ campaignmonitor.com) oder MailChimp (↗ mailchimp.com). Das E-Book *Rechtssichere Werbung mit Newslettern* der Kanzlei Keller (↗ it-recht-kanzlei.de) gibt einen guten Überblick über die rechtlichen Rahmenbedingungen.

Zu Tag 23

Ein sehr angenehmer und leicht zu erlernender Vertriebsprozess ist *SPIN Selling*, über den Neil Rackham einige Bücher veröffentlicht hat.

Zu Tag 25

Neben Platzhirschen wie Shopify (↗ shopify.com) oder Magento (Magento Go, ↗ go.magento.com) gibt es zahlreiche Anbieter, bei denen Sie schnell einen kleinen Shop erstellen können. Für den deutschen Markt empfiehlt sich z. B. Jimdo (↗ jimdo.de/shop). Bei Drucklegung ist mir kein vergleichbarer Anbieter in Österreich oder der Schweiz bekannt. Schauen Sie bitte bei ↗ vomcoachzumunternehmer.de nach, dort gibt es eventuell ein Update.

Ihr Produkt auf DVD, als Print-on-Demand-Buch oder in anderen Formaten verkaufen Sie mit wenigen Klicks z. B. über lulu (↗ lulu.com), Artikel wie T-Shirts oder Mousepads können Sie über Cafépress (↗ cafepress.com) oder SpreadShirt (↗ spreadshirt.de) vertreiben.

Zu Tag 27

Mein Favorit für das *trusted system* ist OmniFocus (↗ omnigroup.com/omnifocus), doch es gibt mittlerweile Dutzende Alternativen, zum Beispiel Things (↗ culturedcode.com/things) oder Remember the Milk (↗ rememberthemilk.de). Die Auswahl ist so groß und die Geschmäcker so verschieden, dass ich hier nur eines empfehlen kann: Starten Sie eine Google-Suche nach „gtd software" und finden ein System, das *Ihnen* sympathisch ist!

Zu Tag 28

Bevor Sie sich die folgende Liste mit Software-Vorschlägen anschauen, beachten Sie, dass Google ein Produkt bietet, das viele der unten genannten Aufgaben erledigen kann: Die *Google Apps for Business*, ↗ google.com/a werden in meinem Büro für gut 80 Prozent der täglichen Verwaltungsarbeit eingesetzt.

- Aufgaben verwalten: Wenn Sie allein arbeiten, können einfache Textdateien mit Aufgabenlisten genügen, oder ein vollwertiges GTD-Tool vom gestrigen Tag. Müssen Sie Aufgaben im Team verteilen? Dann kann eine Online-Lösung wie Google Sites (↗ sites.google.com) passen, in der schnell ein Intranet erstellt werden kann.
- Kommunizieren: Zum Telefonieren bewährt sich zum Beispiel Sipgate (↗ sipgate.de) und Sipgate One (↗ sipgate.de/one) sowie natürlich Google Voice (↗ google.com/voice). Ein guter Anbieter für Telefonkonferenzen ist Talkyoo (↗ talkyoo.de), und Chat-Konferenzen sowie Videokonferenzen veranstalten Sie mit Skype (↗ skype.com) und Google Hangouts (↗ plus.google.com)
- Termine verwalten: Ihr Kalender sollte sich mit einem Online-Kalender synchronisieren. Hier bieten sich vor allem Apples iCloud (↗ apple.com/icloud) oder der Kalender-Dienst von Google an (↗ calendar.google.com).
- Vertrieb steuern: Bei einem hohen Vertriebsvolumen oder einer in Vertrieblersprache „hohen Schlagzahl" empfiehlt sich ein professionelles CRM *(Customer Relation Management)*-System wie Highrise (↗ highrisehq.com) oder, wenn Minimalismus nicht Ihr Ding ist, SugarCRM (↗ sugarcrm.com).
- Wissen verwalten: Hierfür haben Sie bereits nach dem Vorwort zu Teil 2 und spätestens an Tag 27 eine Lösung gefunden. Zusätzlich ist ein gemeinsamer Ablageplatz für Dateien wie DropBox (↗ dropbox.com) sehr hilfreich.
- Dokumente erstellen: Neben den oben erwähnten Google Apps for Business und den Klassikern wie Apples iWork (↗ apple.com/iwork) oder auch OpenOffice (↗ openoffice.org) bzw. LibreOffice (↗ libreoffice.org) gibt es unzählige Möglichkeiten: Wählen Sie die, die Ihnen sympathisch erscheint und gut mit möglichst vielen anderen Systemen zusammenspielt!
- Daten sichern: Für das On-Site-Backup (also die Datensicherung im eigenen Büro) bietet sich Time Machine an (↗ apple.com/timemachine) oder eines der vielfältigen Tools zur Anfertigung von Sicherungskopien. Kaufen Sie eine Festplatte, die Sie per WLAN in Ihr Netzwerk einschleifen können, stellen Sie sie in einen Vorratsraum, richten die Backup-Software ein und lassen die Sicherungskopien automatisiert täglich vor sich hinwerkeln. Zusätzlich ist es sinnvoll, die wichtigsten Geschäftsdaten regelmäßig auf DVD zu kopieren und im Bankschließfach zu lagern. Off-Site-Backups sind im Zeitalter von DropBox (↗ dropbox.com), Mozy (↗ mozy.com) oder Backupify (↗ backupify.com) ein Aufwand von nur wenigen

Klicks. Dateien verschlüsseln Sie mit Apples FileVault automatisch (oder halbautomatisch mit TrueCrypt, ↗ truecrypt.org), und Passwörter verwalten Sie mit 1Password (↗ 1password.com).

Zu Tag 29

Workflows zeichnen Sie zum Beispiel online mit dem Zeichenprogramm in Google Apps oder Diagramly (↗ diagram.ly) oder mit einem auf Ihrem Rechner installierbaren Programm wie OmniGraffle (↗ omnigroup.com) oder LibreOffice Draw (↗ libreOffice.org).

Zur Zeiterfassung ist der bereits erwähnte *Printable CEO* (↗ davidseah.com/pceo) die beste Wahl, wenn Sie nur wenige Workflows und Projekte haben, bei sehr vielen Aufgaben nutzen Sie Werkzeuge wie Billings (↗ marketcircle.com/billings) oder Harvest (↗ getharvest.com). Auch hier ist die Auswahl groß, und ↗ alternativeto.net hilft Ihnen, das Passende zu finden.

Zu Tag 30

Das bekannteste und vermutlich größte aller Outsourcing-Portale ist Elance (↗ elance.com), hier finden Sie Dienstleister, die Ihnen fast jede erdenkliche Aufgabe abnehmen. Für Design-Leistungen sind die bereits erwähnten 99designs (↗ 99designs.com) und CrowdSpring (↗ crowdspring.com) empfehlenswert.

Im deutschsprachigen Raum konnten sich meines Wissens bisher keine annähernd vergleichbaren Dienste etablieren. Es gibt Nischenanbieter wie Avayato (↗ avayato.de) oder Twago (↗ twago.de), die einen Teil des Marktes abdecken. Für Content-Generierung werden Sie vermutlich bei ↗ content.de fündig, und Anbieter für Telefonrezeption, Factoring und andere sehr spezifische Dienstleistungen finden Sie schnell per Google-Suche.

Zu Tag 31

Zu Tag 31 gibt es keine Hinweise, aber einen Aufruf: Schreiben Sie mir. Gehen Sie zu ↗ vomcoachzumunternehmer.de/tag/31 und berichten von Ihren Erfahrungen der letzten Wochen. Ich freue mich, von Ihnen zu lesen!